U0247496

Adobe Photoshop CS6
中文版经典教程（彩色版）

〔美〕Adobe 公司 著　张海燕 译

人民邮电出版社
北京

图书在版编目（ＣＩＰ）数据

Adobe Photoshop CS6中文版经典教程：彩色版 / 美国Adobe公司著 ；张海燕译. -- 北京 : 人民邮电出版社, 2014.5 (2017.7 重印)
ISBN 978-7-115-34600-1

Ⅰ. ①A… Ⅱ. ①美… ②张… Ⅲ. ①图象处理软件—教材 Ⅳ. ①TP391.41

中国版本图书馆CIP数据核字(2014)第022987号

版 权 声 明

◆ 著　　　　[美] Adobe 公司
　　译　　　　张海燕
　　责任编辑　俞　彬
　　责任印制　王　玮　焦志炜
◆ 人民邮电出版社出版发行　　北京市丰台区成寿寺街 11 号
　　邮编　100164　电子邮件　315@ptpress.com.cn
　　网址　http://www.ptpress.com.cn
　　北京画中画印刷有限公司印刷
◆ 开本：800×1000　1/16
　　印张：18
　　字数：423 千字　　　　　　　2014 年 5 月第 1 版
　　印数：34 001 — 39 000册　　2017 年 7 月北京第 13 次印刷
　　　　著作权合同登记号　图字：01-2012-6488 号

定价：69.00 元（附光盘）
读者服务热线：**(010)81055410**　印装质量热线：**(010)81055316**
反盗版热线：**(010)81055315**
广告经营许可证：京东工商广登字 20170147 号

内容提要

本书是畅销丛书"经典教程"之一，为读者学习 Adobe Photoshop CS6 提供了最快速、最轻松、最系统的途径。"经典教程"丛书是 Adobe Systems 公司的官方培训教程，是在 Adobe 产品专家的帮助下编写而成的。

全书包括 14 章，涵盖了照片的校正、修饰和修复、选区的建立方法、图层、蒙版和通道的用法、文字设计、绘制矢量、视频制作、混合器画笔、处理 3D 图像以及生成和打印一致的颜色等内容。

本书语言通俗易懂并配以大量的图示，特别适合 Photoshop 新手阅读；有一定使用经验的用户从中也可学到大量 Photoshop 高级功能和 Photoshop CS6 新增的功能；也适合各类培训班学员及广大自学人员参考。

前　言

Adobe Photoshop CS6 是卓越数字图像处理软件的标杆，它提供了卓越的性能、强大的图像编辑功能和直观的界面。Photoshop CS6 包括 Adobe Camera Raw，它在处理原始数据图像方面极具灵活性和控制力，现在还可将其用于处理 TIFF 和 JPEG 图像。Photoshop CS6 打破了数字图像编辑的藩篱，帮助用户比任何时候都更轻松地将梦想变成设计。

关于经典教程

本书是在 Adobe 产品专家支持下编写的 Adobe 图形和出版软件官方培训系列丛书之一，读者可按自己的节奏阅读其中的课程。如果读者是 Adobe Photoshop 新手，将从中学到掌握该程序所需的基本概念和功能；如果读者有一定的 Photoshop 使用经验，将发现本书介绍了很多高级功能，其中包括使用最新版本和准备 Web 图像的提示和技巧。

每个课程都提供了完成项目的具体步骤，同时给读者提供了探索和试验的空间。读者可按顺序从头到尾地阅读本书，也可根据兴趣和需要选读其中的课程。每课的末尾都有复习题，对该课介绍的内容做了总结。

本版新增的内容

本版介绍了 Photoshop CS6 新增的众多功能：直观的视频编辑工具，让你能够轻松地给视频剪辑和静态图像添加效果；内容感知移动工具，让你能够删除不想要的物体或复制既有的图像部分；更简单却更强大的 3D 工具（仅 Photoshop CS6 Extended 支持）；全新的裁剪工具，在裁剪、拉直和扭曲图像方面提供了更大的灵活性。另外，还介绍了侵蚀画笔笔尖、新增的矢量图层、镜头识别调整、段落样式等。

新增的内容包括以下一些。

*   在 Photoshop 中使用时间轴面板、关键帧和动感效果从视频剪辑和静态图像创建电影文件。
*   创建段落样式并将其应用于文本。
*   使用侵蚀画笔笔尖创建更逼真的效果。
*   在 3D 场景中创建对象、指定其位置以及添加效果（仅 Photoshop CS6 Extended 支持）。

本版还提供了大量有关 Photoshop 功能的额外信息以及如何充分利用这个功能强大的应用程序。读者还将了解 Adobe Photoshop Lightroom，这是为专业摄影师提供的一个工具箱，可帮助他们管理、调整和展示大量数码照片。读者也将学习有关组织、管理、展示照片以及优化用于 Web 的图像的最佳实践。另外，来自 Photoshop 专家和 Photoshop 布道者 Julieanne Kost 的提示和技巧贯穿本书。

Photoshop Extended 包含的功能

本版介绍了 Photoshop CS6 Extended 的 3D 功能。Photoshop CS6 Extended 提供了专门针对专业人员、技术人员和科技人员的功能，用于在视频中创建特殊效果以及处理建筑、科学和工程图像。下面是 Photoshop Extended 的一些功能。

- 导入三维图像以及通过绘画、仿制、修饰和变换对各个帧和图像序列文件进行编辑。
- 支持 3D 文件，包括使用 Adobe Acrobat 9 Professional 和 Google Earth 等程序创建的 U3D、3DS、OBJ、KMZ 和 Collada 等文件格式。要了解这些功能，请参阅第 12 课。
- 支持专用的文件格式，如 DICOM 和 MATLAB，其中前者是最常用的医疗扫描图像标准，而后者是一种高级计算语言和交互式环境，可用于算法开发、数据可视化和分析以及数值计算。还支持 32 位的高分辨率图像，包括特殊的 HDR 拾色器、对 32 位 HDR 图像进行绘画以及将其用作图层。

必须具备的知识

要使用本书，读者应能熟练使用计算机和操作系统，包括如何使用鼠标、标准菜单和命令以及打开、保存和关闭文件。如果需要复习这方面的内容，请参阅 Microsoft Windows 或 Apple Mac OS X 文档。

安装 Adobe Photoshop

使用本书前，应确保系统设置正确并安装了所需的软件和硬件。你必须专门购买 Adobe Photoshop CS6 软件。有关安装该软件的系统需求和详细说明，请参阅安装 DVD 中或 www.adobe.com/support 的 Adobe Photoshop CS6 Read Me 文件。Photoshop CS6 Extended 的有些功能（包括很多 3D 功能）要求显卡支持 OpenGL 2.0。

Photoshop 和 Bridge 使用同一个安装程序。必须从 Adobe Photoshop CS6 安装 DVD（或从 Adobe 下载的安装文件）将这些应用程序安装到硬盘中，而不能从光盘运行它们。按屏幕上的安装说明安装即可。

安装应用程序前，确保能够找到序列号。

启动 Adobe Photoshop

可以像启动大多数软件应用程序那样启动 Photoshop。

在 Windows 中启动 Adobe Photoshop

选择"开始" > "所有程序" > "Adobe Photoshop CS6"。

在 Mac OS 中启动 Adobe Photoshop

打开文件夹 Applications/Adobe Photoshop CS6，双击 Adobe Photoshop 程序图标。

复制课程文件

本书配套光盘包含课程中需要用到的所有文件。每个课程都有一个单独的文件夹，阅读这些课程时，读者必须将相应的文件夹复制到硬盘中。为节省硬盘空间，可以只复制当前阅读的课程的文件夹，并在阅读后将其删除。

要复制课程文件，操作如下。

1. 将配套光盘插入光驱。
2. 浏览光盘内容，并找到文件夹 Lessons。
3. 执行下列操作之一：
- 要复制所有的课程文件，将配套光盘中的文件夹 Lessons 拖曳到硬盘中；
- 要复制单个课程文件夹，首先在硬盘中新建一个文件夹，并将其命名为 Lessons；然后，将要从光盘复制的文件夹拖曳到硬盘中的文件夹 Lessons 中。

> **Ps** **注意**：在阅读课程的过程中将保留初始文件。如果不小心覆盖了初始文件，可重新将配套光盘中相应的文件夹复制到硬盘中来恢复它们。

恢复默认首选项

首选项文件存储了有关面板和命令设置的信息。用户退出 Adobe Photoshop 时，面板位置和某些命令设置将存储到相应的首选项文件中；用户在"首选项"对话框中所做的设置也将存储在首选项文件中。

在每课开头，读者都应重置默认首选项，以确保在屏幕上看到的图像和命令都与书中描述的相同。也可不重置首选项，但在这种情况下，Photoshop CS6 中的工具、面板和其他设置可能与书中描述的不同。

如果读者校准了显示器，在阅读本书前请保存校准设置。要保存显示器校准设置，请按下面介绍的步骤进行。

保存当前颜色设置

1. 启动 Adobe Photoshop。
2. 选择"编辑" > "颜色设置"。
3. 查看下拉列表"设置"中的值。
- 如果不是"自定"，记录设置文件的名称并单击"确定"按钮关闭对话框，而无需执行第 4 ~ 6 步。
- 否则，单击"存储"（而不是"确定"）按钮。

将打开"存储"对话框。默认位置为 Settings 文件夹，将把文件保存在这里。默认扩展名为 .csf（颜色设置文件）。

4. 在文本框"文件名"（Windows）或"保存为"（Mac OS）中，为颜色设置指定一个描述性名称，保留扩展名 .csf，然后单击"保存"按钮。
5. 在"颜色设置注释"对话框中，输入描述性文本，如日期、具体设置或工作组，以帮助以后识别颜色设置。
6. 单击"确定"按钮关闭"颜色设置注释"对话框，然后再次单击"确定"关闭"颜色设置"对话框。

恢复颜色设置

1. 启动 Adobe Photoshop。
2. 选择"编辑" > "颜色设置"。

3. 在"颜色设置"对话框中的下拉列表"设置"中，选择前面记录或存储的颜色设置文件，再单击"确定"按钮。

其他资源

本书并不能代替程序自带的帮助文档，也不是全面介绍 Photoshop CS6 中每种功能的参考手册。本书只介绍与课程内容相关的命令和选项，有关 Photoshop CS6 功能的详细信息，请参阅以下资源。

Adobe Community Help：Community Help 将活跃的 Adobe 产品用户、Adobe 产品开发小组成员、作者和专家聚集在一起，向你提供有关 Adobe 产品的最新、最有用、最相关的信息。

要访问 Community Help，可按 F1 键或选择菜单"帮助" > "Photoshop 帮助"。

将根据社区反馈和投稿更新 Adobe 内容。你可对内容发表评论（包括到 Web 内容的链接）、使用 Community Publishing 发布内容、发布 Cookbook Recipe。有关如何投稿的更详细信息，请访问 www.adobe.com/community/publishing/download.html。

有关 Community Help 的常见问题答案，请访问 http://community.adobe.com/help/profile/faq.html。

Adobe Photoshop 帮助和支持（www.adobe.com/support/photoshop）：在这里可以搜索并浏览 Adobe.com 中的帮助和支持内容。

Adobe 论坛（http://forums.adobe.com）：可就 Adobe 产品展开对等讨论以及提出和回答问题。

Adobe TV（http://tv.adobe.com）：在线提供专家探讨 Adobe 产品的视频，其中的 How To 频道让你能够对产品有大致了解。

Adobe 设计中心（www.adobe.com/designcenter）：提供精心构思的有关设计和设计问题的文章，展示顶级设计师的作品，还有教程等内容。

Adobe Developer Connection（www.adobe.com/devnet）：提供技术文章、代码示例以及有关 Adobe 开发产品和技术方面的入门视频。

教员资源（www.adobe.com/education）：向讲授 Adobe 软件课程的教员提供珍贵的信息。可在这里找到各种级别的教学解决方案（包括使用整合方法介绍 Adobe 软件的免费课程），可用于备考 Adobe 认证工程师考试。

另外，请访问下述链接。

Adobe Marketplace & Exchange（www.adobe.com/cfusion/exchange）：可在这里寻找工具、服务、扩展、代码示例等，以扩展和补充 Adobe 产品。

Adobe Photoshop CS6 主页（www.adobe.com/products/photoshop）。

Adobe Labs（http://labs.adobe.com）：访问最新开发的尖端技术，并通过论坛同 Adobe 开发小组以及与你有相同爱好的其他社区成员交流。

Adobe 认证

Adobe 培训和认证计划旨在帮助 Adobe 客户改善和提升其产品使用技能。有 4 种等级的认证：
- Adobe 认证工程师（ACA）；
- Adobe 认证专家（ACE）；
- Adobe 认证教员（ACI）；
- Adobe 授权的培训中心（AATC）。

ACA 证书表明个人具备使用各种数字媒体规划、设计、组建和维护高效地交流环境所需的基本技能。

ACE 计划让专家级用户能够进一步证明其技能。Adobe 证书有助于你得到提升、找到工作或提高专业技能。

如果你是 ACE 级教员，Adobe 认证教员计划将让你的技能更上一层楼，让你有资格使用更多的 Adobe 资源。

Adobe 授权的培训中心只聘用 Adobe 认证教员，提供由教员讲授的有关 Adobe 产品的课程和培训。有关 AATC 名录，请访问 http://partners.adobe.com/。

有关 Adobe 认证计划的信息，请访问 www.adobe.com/support/certification/main.html。

使用 Adobe CS Live 提高工作效率

Adobe CS Live 是一组在线服务，它们利用了 Web 连接并被集成到 Adobe CS6 中，旨在简化创作审阅流程、加快网站兼容性测试、提供重要的 Web 用户信息等，让用户能够将注意力集中在创作最有冲击力的作品。Adobe CS Live 在限定时间内免费提供（详情可以参阅 www.adobe.com/go/cslive），可通过 Web 浏览器或 Adobe CS6 应用程序进行访问。

Adobe BrowserLab：这是为 Web 设计和开发人员提供的，用于在多个浏览器和操作系统中预览和测试网页。不同于其他浏览器兼容性解决方案，BrowserLab 使用多个查看和诊断工具按需渲染屏幕截图；在 Dreamweaver CS6 中，可使用它来预览本地内容和交互式网页的各种状态。作为一种在线服务，BrowserLab 的开发周期很短，在增加支持的浏览器和更新功能方面非常灵活。

Adobe CS Review：这是为创意专业人员提供的，提供了更高效的创作审阅流程。不同于其他用于对创作内容进行在线审阅的服务，CS Review 让你能够在 InDesign、Photoshop 和 Illustrator 中将审阅发布到 Web 上，并查看审阅者的反馈。

Acrobat.com：这是为创作专业人员提供的，让他们能够与大量同事和客户协作，完成从创意到最终产品的整个创意流程。Acrobat.com 是一组在线服务，包括网络会议、在线文件共享和工作空间。与通过电子邮件协作和亲身参加会议不同，Acrobat.com 让人查看你的作品，而不是将文件发送给他们，这让你能够在任何地方快速确定创作流程的业务部分。

Adobe Story：这是为创作专业人员、制作人员和脚本书写人员提供的。它是一款用于协作开发脚本的工具，将脚本转换为元数据供 Adobe CS6 Production Premium 工具使用，以简化工作流程和视频制作。

SiteCatalyst NetAverages：让 Web 和手机开发人员能够针对更多受众优化其项目。NetAverages 提供有关用户如何访问 Web 的信息，这有助于避免在创作流程早期做过多的猜测。你可获得汇总用户数据（如浏览器类型、操作系统、移动设备特征、屏幕分辨率等）随时间的变化情况，这些数据是根据 Omniture SiteCatalyst 客户网站的访客的行为推导出来的。不同于其他 Web 智能解决方案，NetAverages 使用 Falsh 来显示数据，这引人入胜且易于理解。

可通过三种不同的方式访问 CS Live。

- 注册 CS6 产品：这将免费获得 CS Live 的所有功能和好处。
- 在线注册：这将免费获得在限定时间内使用 CS Live 的权限，但需要指出的是，这并不能让你能够在 CS6 产品中使用 CS Live 服务。
- 安装 CS6 产品试用版：这将获得在 30 天内试用 CS Live 服务的权限。

目　录

第1课 熟悉工作区

本课介绍以下内容：

- 打开 Adobe Photoshop 文件；

- 选择和使用工具面板中的工具；

- 在选项栏中设置所选工具的选项；

- 使用各种方法缩放图像；

- 选择、重排和使用面板；

- 使用面板菜单和上下文菜单中的命令；

- 打开和使用停放在面板井中的面板；

- 撤销操作以修正错误或进行不同的选择；

- 定制工作区；

- 在 "Photoshop 帮助" 中查找主题。

本课大约需要 90 分钟。如果还没有将 Lesson01 文件夹复制到在本地硬盘中为这些项目创建的文件夹 Lessons 中，请现在就这样做。学习本章时，请保留初始文件。如果需要恢复这些初始文件，从配套光盘复制它们即可。

　　在 Adobe Photoshop 中，完成同一
项任务的方法常常有多种。要充分利用
Photoshop 丰富的编辑功能，必须知道
如何在工作区中导航。

1.1　开始在 Adobe Photoshop 中工作

Adobe Photoshop 的工作区包括菜单、工具栏和面板，使用它们可快速找到用来编辑图像和向图像中添加元素的各种工具和选项。通过安装第三方软件（增效工具），可以向菜单中添加其他命令和滤镜。

Adobe Photoshop 可以处理数字位图（被转换为一系列小方块或图像元素（像素）的连续调图像），还可以处理矢量图形（由缩放时不会不失真的光滑线条构成的图形）。在 Photoshop 中，可以创建图像，也可以从下面这样的资源中导入图像：

- 用数码相机拍摄的照片；
- 商用数字图像光盘；
- 扫描的照片、正片、负片、图形或其他文档；
- 捕获的视频图像；
- 在绘画程序中创建的图像。

1.1.1　启动 Photoshop 并打开文件

要开始工作，首先启动 Adobe Photoshop 并重置到默认首选项。

注意：通常在设计自己的作品时无需重置这些默认参数。但在学习本书每课前，都需要重置这些参数，以确保在屏幕上看到的内容与书中描述的一致。详细信息请参阅前言中的"恢复默认首选项"。

1. 在桌面上双击 Adobe Photoshop 图标启动 Adobe Photoshop，然后立刻按 Ctrl + Alt + Shift 快捷键（Windows）或 Command + Option + Shift 快捷键（Mac OS）重置默认设置。

如果在桌面上找不到 Photoshop 图标，可选择菜单"开始" > "所有程序" > "Adobe Photoshop CS6"（Windows）或在文件夹 Application 或 Dock 中查找（Mac OS）。

2. 出现提示时，单击"是"按钮确认要删除 Adobe Photoshop 设置文件。

Photoshop 工作区如图 1.1 所示。

注意：图 1.1 所示是 Windows 版本的 Photoshop。Mac OS 版本的 Photoshop 工作区布局与此相同，只是操作系统的风格可能不同而已。

Photoshop 的默认工作区包括工作区顶部的菜单栏和选项栏、工作区左侧的工具面板以及工作区右侧的一些打开的面板。打开文档时，将出现一个或多个图像窗口，用户可使用新增的选项卡式界面同时显示它们。Photoshop 的用户界面与 Adobe Illustrator、Adobe Indesign 和 Adobe Flash 相同，因此学会在一个应用程序中使用工具和面板后，便知道如何在其他应用程序中使用它们。

Windows 与 Mac OS 的 Photoshop 工作区之间的主要区别如下：在 Mac OS 中，可使用包含 Photoshop 应用程序窗口和面板的应用程序框架，它可能与你以前使用的其他应用程序不同，只有菜单栏在应用程序框架的外面。应用程序框架默认被禁用，要启用它，可选择菜单"窗口" > "应用程序框架"。

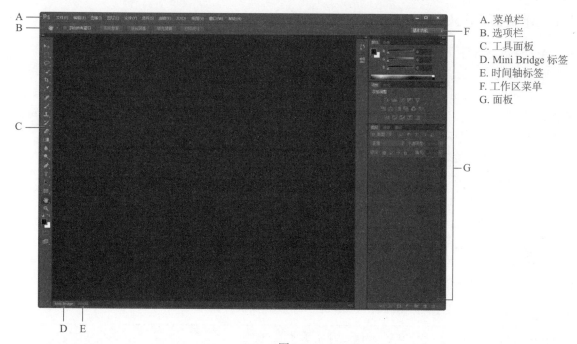

A. 菜单栏
B. 选项栏
C. 工具面板
D. Mini Bridge 标签
E. 时间轴标签
F. 工作区菜单
G. 面板

图1.1

图1.2 在Mac OS中，应用程序框架将图像、面板和菜单栏组合到一起

4 第1课 熟悉工作区

3. 选择菜单"文件">"打开",切换到从配套光盘复制到硬盘的文件夹 Lessons\Lesson01。

4. 选择文件 01A_End.psd 并单击"打开",如果出现"嵌入的配置文件不匹配"对话框,单击"确定"按钮。

文件 01A_End.psd 在独立的图像窗口中打开,如图 1.3 所示。在本书中,End 文件展示了项目要达到的目标。在这个文件中,在不过度曝光前灯的情况下改善了一辆老爷车图像。

5. 选择菜单"文件">"关闭"或单击图像窗口标题栏中的关闭按钮(不要关闭 Photoshop)。

图1.3

1.1.2 用 Adobe Bridge 打开文件

每课的学习都将使用不同的初始文件。可以将这些文件另行复制一份,并将其保存为不同的文件名或目录中;也可直接对初始文件进行处理,并在需要原始的初始文件时再从配套光盘中复制它们。本课有 3 个不同的初始文件。

前面的练习使用"打开"命令打开文件,下面使用可视化文件浏览器 Adobe Bridge 打开另一个文件,Adobe Bridge 可避免猜测所需图像文件的位置。

1. 选择菜单"文件">"在 Bridge 中浏览"。如果出现询问是否启用 Photoshop 扩展功能的对话框,单击"确定"按钮。这将打开 Adobe Bridge,其中包含一系列面板、菜单和按钮,如图 1.4 所示。

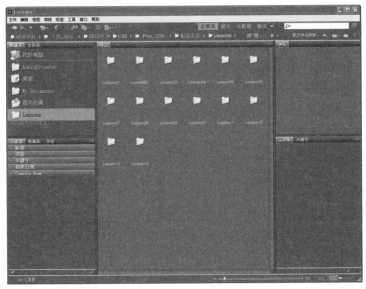

图1.4

2. 选择左上角的文件夹面板,再切换到从配套光盘复制到硬盘中的文件夹 Lessons,其内容将显示在内容面板中。

3. 选择文件夹 Lessons，然后选择菜单"文件">"添加到收藏夹"。通过将常用的文件、文件夹、应用程序图标和其他资产添加到收藏夹中，可快速访问它们。

4. 单击收藏夹标签以打开该面板，单击 Lessons 将其打开，然后在内容面板双击文件夹 Lesson01。该文件夹的内容将以缩览图的方式显示在 Bridge 窗口中央的内容面板中，如图 1.5 所示。

图1.5

5. 在内容面板中双击文件 01A_Start.psd 的缩览图，或选择其缩览图再选择菜单"文件">"打开"。这将在 Photoshop 中打开图像 01A_Start.psd。不要关闭 Adobe Bridge，因为在本课后面还要使用它查找并打开文件。

1.2 使用工具

Photoshop 为制作用于打印、在线浏览和移动观看的高级图形提供了一整套工具。如果详细分类介绍 Photoshop 中所有的工具和工具配置，至少需要一整本书，这将是一本很有用的参考书，但却不是本书的目标所在。在本书中，读者将在一个示例项目中配置和使用一些工具，通过这些操作获得实际经验。每课都将介绍一些工具及其用法。阅读完本书的所有课程后，将为你更深入地研究 Photoshop 工具打下坚实的基础。

1.2.1 选择和使用工具面板中的工具

工具面板（工作区最左边的长条形面板）包括选取工具、绘画和编辑工具、前景色和背景色选择框以及查看工具。在 Photoshop Extended 中，还包括 3D 工具。

> **Ps** **注意**：有关工具面板中工具的完整列表，请参阅本课末尾的工具面板概述。

首先介绍缩放工具，其他很多程序（如 Illustrator、InDesign 和 Acrobat）中也有缩放工具。

1. 双击工具面板顶部的双箭头按钮可切换到双栏视图，如图 1.6 所示，再次单击双箭头按钮将恢复到单栏视图，这样可提高屏幕空间的使用效率。

2. 在工作区（Windows）或图像窗口（Mac OS）底端的状态栏中，最左边列出的百分比为图像的当前缩放比例，如图 1.7 所示。

3. 将鼠标指向工具面板中的放大镜按钮，将出现工具提示，它指出了工具名称（缩放工具）和快捷键（Z），如图 1.8 所示。

图1.6

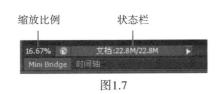

缩放比例　　　　　状态栏

16.67%　　　文档:22.8M/22.8M

Mini Bridge　时间轴

图1.7

缩放工具 (Z)

图1.8

4. 单击工具面板中的缩放工具按钮（🔍）或按 Z 键，以选择缩放工具。

5. 将鼠标指向图像窗口，鼠标将变成了一个放大镜，其中有一个加号（+）。

6. 在图像窗口的任何地方单击，图像将放大至下一个预设比例，状态栏将显示当前的比例。使用缩放工具单击的位置成为放大视图的中心。再次单击将放大至下一个预设比例，最大可放大至 3200%。

7. 按住 Alt 键（Windows）或 Option 键（Mac OS），鼠标将变成中间带减号（-）的放大镜，然后在图像的任何地方单击，再松开 Alt 或 Option 键，视图被缩小至下一个预设缩放比例，让读者能够看到更多图像，但细节更少。

Ps **注意**：还有其他缩放视图的方法，如选择缩放工具后可在选项栏中选择工具模式"放大"或"缩小"、选择菜单"视图">"放大"或"视图">"缩小"以及在状态栏中输入缩放比例再按回车键。

---

8. 如果在选项栏中选中了复选框"细微缩放"，则使用缩放工具在图像的任何地方单击并向右拖曳时，将放大图像，而向左拖曳将缩小图像。在选项栏中选中了复选框"细微缩放"后，便可在图像中拖曳以缩放视图。

9. 如果在选项栏中选中了复选框 "细微缩放"，请取消选择它，再使用缩放工具拖曳出一个覆盖前灯的矩形框，图像将放大，使得矩形框内的图像部分填满整个图像窗口，如图 1.9 所示。

图1.9

　　至此，读者尝试了 4 种使用缩放工具改变图像窗口缩放比例的方法：单击、按住 Alt 键并单击、通过拖曳进行缩放以及通过拖曳指定放大区域。工具面板中的很多其他工具也可与键盘配合使用。在本书的很多课程中，读者都将有机会使用这些方法。

1.2.2　选择和使用隐藏的工具

　　Photoshop 有很多可用于编辑图像文件的工具，但你每次可能只使用其中的一部分。工具面板中的工具被编组，每组只有一个工具显示出来，其他工具隐藏在该工具的后面。

　　按钮右下角的小三角形表明该工具后面还隐藏有其他工具，如图 1.10 所示。

1. 将光标指向工具面板顶部的第二个工具，直至出现工具提示，指出该工具为 "矩形选框工具"（ ），键盘快捷键为 M，然后选择该工具。

2. 使用下列方法之一来选择隐藏在矩形选框工具后面的椭圆选框工具（ ）。

· 在矩形选框工具上按住鼠标左键打开隐藏工具列表，然后选择椭圆选框工具，如图 1.11 所示。

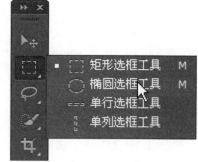

图1.10　　　　　　　　　图1.11

· 按住 Alt 键（Windows）或 Option 键（Mac OS）并单击工具面板中的工具按钮，这将遍历隐藏的选框工具，直至选择椭圆选框工具。

- 按 Shift + M 快捷键，这将在矩形选框工具和椭圆选框工具之间来回切换。

3. 将光标指向图像窗口中前灯的左上方，在选择了椭圆选框工具的情况下，光标将变为十字形（+）。

4. 向右下方拖曳光标，绘制一个覆盖前灯的椭圆，然后松开鼠标按钮，如图 1.12 所示。虚线表示其内部的区域被选中。选择一个区域后，该区域将是图像中唯一可编辑的区域，选区外面的区域将受到保护。

5. 将光标指向椭圆选区内部，光标将变成带小矩形的箭头（▶ᴹ）。

6. 拖曳选区，使其准确地与前灯重合，如图 1.13 所示。

图1.12

图1.13

拖曳选区时，移动的是选区边框，而不是图像中的像素。如果要移动图像中的像素，则需要使用不同的方法。第 3 课将详细介绍如何创建各种选区以及移动选区的内容。

1.2.3 结合使用键盘和工具选项

很多工具可在特定限制下工作。通常需要在使用这些工具时按住某个键来启用这些模式。有些工具的模式显示在选项栏中供用户选择。

下面重新选择前灯。这次使用键盘将选区限制为圆形，且该圆形选区是从中心向外绘制的，而不是从一个角到另一个角进行绘制的。

1. 确保选择了工具面板中的椭圆选框工具（◯），然后采用下述方法之一来取消选择当前选区。
- 在图像窗口中单击选区外的任何地方。
- 选择菜单"选择" > "取消选择"。
- 使用键盘快捷键 Ctrl + D（Windows）或 Command + D（Mac OS）。

2. 将光标指向前灯的中央。

3. 按住快捷键 Alt + Shift（Windows）或 Option + Shift（Mac OS），并从前灯中央向外拖曳，直到圆形完全环绕前灯，如图 1.14 所示。

图1.14

4. 先松开鼠标，然后松开键盘键。

如果对圆形选区不满意，可以移动它：将光标放在圆形选区内，然后拖曳即可；也可在圆形选区外单击以取消该选区，然后按上述方法重建选区。

> **Ps** **注意**：如果不小心先松开了 Alt 或 Option 键，椭圆选框工具将恢复到正常行为（不再被限制为圆形，且从一边绘制到另一边）。然而，如果此时还没有松开鼠标，只需再次按住键盘键，选区将恢复到原来的样子。如果已松开了鼠标，只需从第 1 步开始重新创建即可。

5. 选择缩放工具，再单击选项栏中的"适合屏幕"按钮，以便能够看到整幅图像。

注意，修改缩放比例后，选区仍处于活动状态。

1.2.4 修改选区

通常情况下，修改将应用于选区。但为突出前灯，需要让图像的其他部分而不是当前选区变暗。要保护该区域，需要反向选择，以选择图像的其他部分。

1. 选择菜单"选择">"反向"，结果如图 1.15 所示。

虽然环绕前灯的选框看起来跟以前没有什么变化，但注意到整幅图像的周围也出现了类似的边框。此时图像的其他部分已被选中，而圆形内的区域没有选中。在该选区出于活动状态的情况下，不能修改未选中的区域（前灯）。

选定（可编   未选定（受
辑）区域   保护）区域

图1.15

> **Ps** **提示**：该命令的快捷键 Ctrl + Shift + I（Windows）或 Command + Shift + I（Mac OS）出现在"选择"菜单的"反向"命令旁边。读者以后可直接按此组合键反向选择选区。

2. 单击调整面板中的曲线图标添加一个曲线调整图层。曲线调整选项将出现在属性面板中，如图 1.16 所示。

图1.16

3. 在属性面板中，向左拖曳右上角的控点，直到输入值为204。输出值保持不变，还是255，如图1.17所示。如果你看不到输入和输出值，可向下拖曳属性面板右下角的三角形，以增大该面板。拖曳时选区中的高光部分将被加亮。

图1.17

4. 增大或缩小输入值，直到对结果满意为止。
5. 在图层面板中，查看这个曲线调整图层，如图1.18所示。如果图层面板没有打开，单击其标签或选择菜单"窗口">"图层"。

使用调整图层可修改图像（如调整该老爷车的高光部分的亮度），而不影响实际像素。由于使用了调整图层，总是可以通过隐藏或删除调整图层来恢复到原始图像，还可随时编辑调整图层。在本书的多个课程中，你都将用到调整图层。

图1.18

6. 执行下述操作之一。

- 如果要保存所做的修改，选择菜单"文件">"存储"，如果出现"Photoshop 格式选项"对话框，单击"确定"按钮，然后选择菜单"文件">"关闭"。

- 如果要恢复到修改前的初始状态，选择菜单"文件">"关闭"，并在系统询问是否保存所做的修改时单击"否"或"不保存"。

- 如果要同时实现上述两个目标，选择菜单"文件">"存储为"，并重命名文件或将其保存到其他文件夹，再单击"保存"按钮。在"Photoshop 格式选项"对话框中，单击"确定"按钮，然后选择菜单"文件">"关闭"。

无需取消选择，因为关闭文件的同时将自动取消选择。

恭喜你完成了第一个 Photoshop 项目！虽然曲线调整图层实际上是一种较高级的图像修改方法，但正如读者看到的，它使用起来并不难。本书的其他课程将更详细地介绍如何调整图像，具体地说，第 2 课和第 6 课将介绍传统暗室处理技术，如调整曝光、修饰和颜色校正。

使用导航器面板进行缩放和滚动

　　导航器面板提供了另一种急剧修改缩放比例的快速途径，尤其是在不需要指定准确的缩放比例时。它也非常适合用于在图像中滚动，因为其中的缩略图准确地指出了图像的哪部分出现在图像窗口中。要打开导航器面板，选择菜单"窗口">"导航器"。

　　在导航器面板中，将图像缩略图下方的滑块向右拖将放大图像，向左拖将缩小图像，如图1.19所示。

图1.19

　　红色矩形框环绕的区域将显示在图像窗口中。图像放大到一定程度后，图像窗口将只能显示图像的一部分。在这种情况下，可拖曳红色矩形框来查看图像的其他区域，如图1.20所示。在图像缩放比例非常大时，这也是一种确定正在处理图像哪部分的好方法。

图1.20

1.3 使用选项栏和其他面板

读者已经有了一些使用选项栏的经验。在前面的项目中，你已经看到了选项栏中一些针对缩放工具的选项，它们用于修改当前图像窗口的视图。下面更详细地介绍如何在选项栏中设置工具属性以及如何使用面板和面板菜单。

1.3.1 预览并打开另一个文件

下一个项目是社区活动的宣传海报。先看一下最终文件，以了解需要完成的工作。

1. 单击应用程序窗口底部的 Mini Bridge 标签，打开 Mini Bridge 面板。

可在不离开 Photoshop 的情况下使用 Adobe Bridge 的所有功能。Mini Bridge 面板让你能够在 Photoshop 中处理图像时浏览、选择、打开和导入文件。

2. 从面板左边的下拉列表中选择"收藏夹"，再依次双击文件夹 Lessons 和 Lesson01。

3. 在内容面板中选择文件 01B_End.psd，如图 1.21 所示。按空格键在全屏模式下预览。

图1.21

注意放在图像底部的沙滩区域的文本，如图 1.22 所示。

4. 按空格键返回到缩览图预览。

5. 在内容面板中双击文件 01B_Start.psd，在 Photoshop 中打开它。

6. 双击 Mini Bridge 标签隐藏该面板，以便能够清晰地看到图像窗口。

图1.22

1.3.2 在选项栏中设置工具属性

在 Photoshop 中打开 01B_Start.psd 后，便可指定文本属性并输入文本。

1. 在工具面板中选择横排文字工具（ T ）。现在，选项栏中的按钮和下拉列表都与文字工具相关。

2. 在选项栏中，从第一个下拉列表中选择一种字体（这里使用 Garamond 字体，读者可以根据喜好选择其他字体）。

3. 将字体大小设置为 38 点。

可在字体大小文本框中直接输入 38，然后按回车键；也可通过拖曳字体大小标签来设置，如图 1.23 所示；还可从下拉列表中选择一种标准字体大小。

图1.23

Ps **提示**：在 Photoshop 中，对于选项栏、面板和对话框中的大部分数字设置，可以将光标指向其标签显示出滑块时，向右拖曳该滑块将增大设置，而向左拖曳将降低设置。拖曳时按住 Alt 键（Windows）或 Option 键（Mac OS）可缩小步长，而按住 Shift 键可增大步长。

---

4. 在图像左边的任何地方单击，然后输入 Monday is Beach Cleanup Day。
文本将以指定的字体和大小显示。

5. 选择工具面板顶部的移动工具（▸⊕）。

Ps **注意**：不要使用键盘快捷键 V 来选择移动工具，因为当前处于文本输入模式，这样做将会在图像窗口中输入字母 V。

---

6. 将光标指向输入的文本，并将其拖曳到沙滩中，放置在长椅上方，如图 1.24 所示。

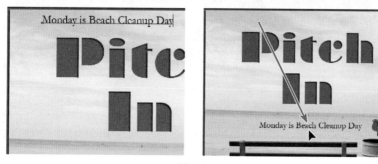

图1.24

1.3.3 使用面板和面板菜单

图像中的文本颜色与工具面板中的前景色相同，而前景色默认为黑色。在最终的文件中，文本是洋红色，显得非常醒目。下面给文本着色：选中文本，再选择另一种颜色。

1. 在工具面板中选择横排文字工具（T）。

2. 通过拖动鼠标选定所有文字。

3. 在颜色面板组中单击"色板"选项卡，将该面板置于最前面。

4. 选择一种颜色，如图 1.25 所示。

选择的颜色将出现在 3 个地方：工具面板中的前景色、选项栏中的文字颜色以及在图像窗口中输入的文本颜色，如图 1.26 所示（选择工具面板中的其他工具，以取消选择文本，从而看清应用于文本的颜色）。

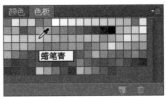

图1.25

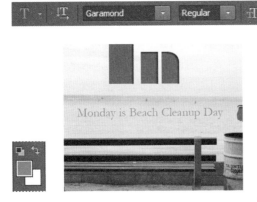

图1.26

虽然 Photoshop 提供了其他选择颜色的方法，但这种方法非常简单。本项目要使用一种特殊颜色，通过改变色板的显示方式将更容易找到它。

5. 在工具面板中选择其他工具（如移动工具），以取消选择横排文字工具；然后单击色板面板右上角的图标（▼≡）打开面板菜单并选择"小列表"，如图 1.27 所示。

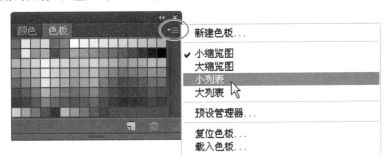

图1.27

6. 选择文字工具并选中文本（像第 1 和第 2 步那样）。

7. 在色板面板中向下滚动到色板列表中间，找到"蜡笔紫洋红"并选择它，如图 1.28 所示，现在文本将变成蜡笔紫洋红色。

8. 选择抓手工具（🖐）以取消选择文本，然后单击工具面板中的"默认前景色和背景色"按钮将前景色设置为黑色，如图 1.29 所示。

重置默认颜色不会改变文本的颜色，因为文本此时没有被选中。

图1.28

9. 至此任务便完成了，可以关闭文件了。可保存文件或关闭而不保存，还可使用不同的文件名或位置保存它。

又一个项目完成了，就这么简单。

图1.29

1.4 在 Photoshop 中还原操作

在理想的完美世界中，人不会犯任何错误：不会错误地单击对象，一切总能完全按构想那样，并可预知通过哪些操作后便可将期望的设计思想体现得淋漓尽致，根本不需要走回头路。

在现实世界中，Photoshop 提供了还原操作的功能，让用户能够尝试其他选项。接下来读者将体验自由回溯。

在该项目中，还将介绍图层的概念，这是 Photoshop 中最基本、最强大的功能之一。Photoshop 支持多种图层，有些包含图像、文本或纯色，有些只与它下面的图层交互，本项目的文件包含这两种图层。无须理解图层就能成功完成该项目，因此读者现在不必考虑这方面的问题，第 4 课和第 9 课将更详细地介绍图层。

1.4.1 还原单个操作

即使是计算机初学者也能很快学会使用和掌握"还原"命令。这里也先来看一下最终结果。

1. 再次单击 Mini Bridge 标签打开 Mini Bridge 面板，其中显示的是文件夹 Lesson01 的内容。

2. 查看文件 01C_End.psd 和 01C_Start.psd 的缩览图。在文件 01C_Start.psd 中，领带是纯色的；而在文件 01C_End.psd 中，领带中有图案，如图 1.30 所示。

3. 在内容面板中，双击文件 01C_Start.psd 的缩览图在 Photoshop 中打开它。

4. 双击 Mini Bridge 标签关闭该面板。

5. 在图层面板中，选择图层 Tie Designs，如图 1.31 所示。

图1.30

在图层面板中，注意到图层 Tie Designs 有个箭头。图层 Tie Designs 是一个剪贴蒙版。剪贴蒙版有点像选区，也限制了图像中可编辑的区域。有了剪贴蒙版后，便可在图像中男人的领带上绘制图案，而不用担心散落的笔触影响图像的其他部分。之所以选择图层 Tie Designs，是因为接下来要编辑它。

6. 单击工具面板中的画笔工具（ ✏ ）或按快捷键 B 选择它。

7. 在选项栏中，单击画笔缩览图打开画笔面板。将"大小"滑块设置为 65 像素，并在画笔列表中选择画笔"柔边圆压力大小"，如图 1.32 所示（将鼠标指向画笔后，出现的工具提示将指出画笔名称）。

图1.31

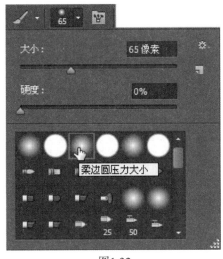

图1.32

要尝试其他画笔也可以，但应选择接近于 65 像素的画笔——最好在 45 ～ 75 像素之间。

8. 将鼠标指向图像，它将变成一个圆圈（其直径为前一步指定的值），然后在橙色领带中的任何地方绘制条纹。绘制时不必担心超出领带两侧，因为画笔不会在领带的剪贴蒙版外绘制，如图 1.33 所示。

绘制的条纹可能非常漂亮，但这个设计方案要求是点状图案，因此需要删除刚绘制的条纹。

9. 选择菜单"编辑">"还原画笔工具"或按快捷键 Ctrl+Z（Windows）或 Command+Z（Mac OS）撤销画笔工具操作。

领带恢复到纯橙色，没有任何条纹。

Illustration:Pamela Hobbs

图1.33

Ps **注意**：在第 6 课和第 7 课中，读者将获得更多使用剪贴蒙版的经验。

1.4.2 还原多个操作

还原命令只撤销一步，这符合现实，因为 Photoshop 文件可能非常大，维护多个还原步骤将占用大量内存，进而降低性能。可使用"后退一步"命令以每次一步的方式撤销多项操作，但使用历史记录面板撤销多项操作更快捷、更容易。

1. 使用相同的画笔工具设置在橙色领带上单击，以创建一个柔边点。
2. 在领带的不同地方单击多次，创建一个点状图案。
3. 选择菜单"窗口" > "历史记录"打开历史记录面板，然后拖曳该面板的一角将其扩大，以便能够看到更多步骤，如图 1.34 所示。

图1.34

历史记录面板记录了最近对图像执行的操作。当前的状态被选中，它位于历史记录列表末尾。

4. 单击历史记录面板中列出的以前执行的操作，并查看图像窗口发生的变化：以前执行的多项操作被撤销，如图 1.35 所示。
5. 在图像窗口中，用画笔工具在领带上创建一个新点。

注意到历史记录面板中，删除了选定历史记录状态后面呈灰色的所有操作，并添加了一个新操作，如图 1.36 所示。

图1.35　　　　　　　　　　　　　　　　　　　图1.36

6. 选择菜单"编辑">"还原画笔工具"或按快捷键 Ctrl + Z（Windows）或 Command + Z（Mac OS）撤销第 5 步创建的点。

现在历史记录面板中又出现了以前列出的呈灰色的操作。

7. 选择历史记录面板列表末尾的状态。

图像将恢复到第 2 步完成后的状态。

默认情况下，Photoshop 历史记录面板只保留最后 20 项操作，这是一个在灵活性和性能之间折中的数字。可选择菜单"编辑">"首选项">"性能"（Windows）或"Photoshop">"首选项">"性能"（Mac OS），并在"历史记录状态"框中输入其他值。

1.4.3　使用上下文菜单

上下文菜单是一个简短菜单，它包含的命令和选项随工作区中的元素而异，有时也被称为单击右键菜单或快捷键菜单。通常，上下文菜单中的命令在用户界面的其他地方也能找到，但使用上下文菜单可节省时间。

1. 如果没有选择工具面板中的画笔工具（ ），现在选择它。
2. 在图像窗口中，在图像的任何地方单击鼠标右键（Windows）或按住 Control 键并单击（Mac OS）打开画笔工具的上下文菜单。

上下文菜单的内容随上下文而异，因此出现的可能是命令菜单，也可能是一组类似面板的选项（就像这里一样）。

3. 选择一个较小的画笔，如"硬边圆"画笔，并将大小改为 9 像素。可能需要在上下文菜单中滚动才能找到所需的画笔。

4. 在图像窗口中，使用选择的画笔在领带上创建一些更小的点，如图 1.37 所示。

图1.37

 注意：在工作区的任何地方单击将关闭上下文菜单。如果领带区域隐藏在画笔工具上下文菜单后面，可在图像窗口的其他地方单击或在上下文菜单中双击所需的画笔，以关闭上下文菜单。

5. 根据需要，可使用"还原"命令或历史记录面板撤销绘画操作，以修正错误或尝试其他其他选择。
6. 修改好领带设计后，如果要保存成果，可选择菜单"文件">"存储"；如果要将其保存在其他位置或使用不同的文件名保存，可选择菜单"文件">"存储为"；也可不保存，直接关闭文件。

放松一下，因为又完成了一个项目。

1.4.4 再谈面板和面板位置

Photoshop 包含各种功能强大的面板。很少在一个项目中需要同时看到所有面板，这就是在默认情况下，面板被分组且有些面板没有打开的原因。

"窗口"菜单包含所有的面板，如果面板位于其所属面板组的最前面，且处于打开状态，其名称旁边将有选中标记。在"窗口"菜单中选择面板名称可打开或关闭相应的面板。

按 Tab 键可隐藏所有面板：包括选项栏和工具面板，再次按 Tab 键可重新打开这些面板。

在使用图层面板和色板面板时，读者使用过了面板停放区中的面板了。可将面板从停放区拖出来，也可将其拖进停放区。对于大型面板或偶尔使用但希望容易找到的面板而言，这很方便。

以下是几种可以用于排列面板的其他操作。

- 要移动整个面板组，将该面板组的标题栏拖曳到工作区的其他地方。
- 要将面板移到其他面板组中，将面板标签拖入目标面板组的标题栏中，待目标面板组内出现蓝色方框后松开鼠标，如图 1.38 所示。

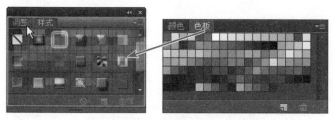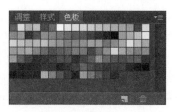

图1.38

- 要停靠面板或面板组，将其标题栏或面板标签拖曳到停放区中，如图 1.39 所示。

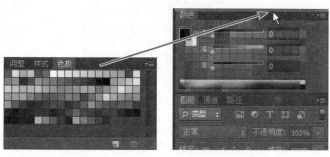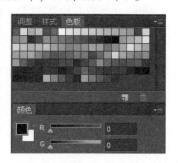

图1.39

- 要使面板或面板组成为浮动的，将其标题栏或面板标签从停放区拖曳出去。

1.4.5 展开和折叠面板

通过拖曳或单击在面板的预设尺寸之间切换，可调整面板的大小，从而更高效地使用屏幕空间以及看到更多或更少的选项。

- 要将打开的面板折叠为图标，可单击面板组标题栏上的双箭头；要展开面板，可单击图标或双箭头按钮，如图 1.40 所示。

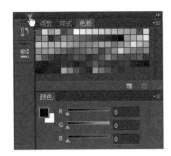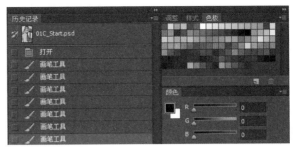

图1.40

- 要调整面板的高度，可拖曳其右下角。
- 要调整面板组的宽度，可将鼠标指向其左上角，待鼠标变成双箭头时，向左拖曳以增大面板或向右拖曳以缩小面板。
- 要调整浮动面板的大小，将鼠标指向面板的右边缘、左边缘或下边缘，待到鼠标变成双箭头时，向内或向外拖曳边界；也可向内或向外拖曳右下角。
- 要折叠面板组让其只显示标题栏和选项卡，可双击面板标签或标题栏，如图1.41所示。再次双击可恢复面板组，展开其视图。即使面板被折叠，也可打开其面板菜单。

图1.41

面板折叠后，面板组中各面板的标签以及面板菜单按钮仍可见。

> **Ps** **注意**：不能调整颜色、字符和段落面板的大小，但可折叠它们。

1.4.6　有关工具面板和选项栏的注意事项

工具面板和选项栏与其他面板有一些共同之处。

- 拖曳工具面板的标题栏可将其移到工作区的其他地方，拖曳选项栏最左侧的抓手分隔栏可将其移到其他地方。
- 可隐藏工具面板和选项栏。

然而，有些面板特征却是工具面板和选项栏不具备的。

- 不能将工具面板或选项栏与其他面板组合在一起。
- 不能调整工具面板或选项栏的大小。
- 不能将工具面板或选项栏停放到面板组中。
- 工具面板和选项栏都没有面板菜单。

1.5 自定工作区

Photoshop 提供了多种对选项栏和众多面板的位置和显示方式进行控制的途径，但如果在屏幕上拖动面板以便看到某些项目需要的面板或其他项目需要的面板，将需要大量时间。所幸的是，Photoshop 允许用户自定工作区，以控制哪些面板、工具和菜单可用。实际上，Photoshop 自带了几个预置工作区，适合用于不同类型的工作流程：色调和颜色校正、绘画和修饰等。下面分别介绍它们。

> **Ps** | **注意**：如果读者在前一个练习结束时关闭了文件 01C_Start.psd，那么请打开它或其他图像文件以完成下面的练习。

1. 选择菜单"窗口">"工作区">"绘画"。如果出现提示框，单击"是"按钮切换到该工作区。
   如果读者打开、关闭和移动过面板，将发现 Photoshop 关闭了一些面板，又打开了一些面板并将它们沿着工作区右边缘整齐地堆叠到停放区中。
2. 选择菜单"窗口">"工作区">"摄影"，如果出现提示框，单击"是"切换到该工作区。这将在停放区打开不同的面板。
3. 单击菜单栏中的工作区切换下拉列表，并从中选择"基本功能"，如图 1.42 所示。Photoshop 将返回到默认工作区，其布局是你前面留下的。要恢复到"基本功能"工作区的默认配置，可从工作区切换下拉列表中选择"复位基本功能"。

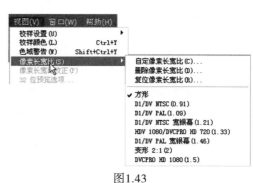

图1.42

可从菜单"窗口"或选项栏的下拉列表中选择工作区。

如果预置工作区不适合要完成的工作，可根据需要自定工作区。例如，可能需要做大量的 Web 设计工作，但不需要做数字视频方面的工作。可指定在工作区中显示哪些菜单项。

4. 单击"视图"菜单并指向子命令"像素长宽比"，如图 1.43 所示。

该子菜单包含印刷和 Web 设计人员不需要的多种 DV 格式。

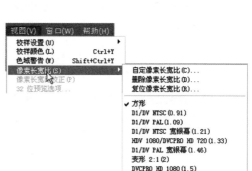

图1.43

5. 选择菜单"窗口">"工作区">"键盘快捷键和菜单"。

这将打开"键盘快捷键和菜单"对话框，在其中可控制应用程序菜单和面板菜单中命令的可用性，还可自定菜单、面板和工具的快捷键。可隐藏很少用到的命令，或突出常用的命令以便更容易看到它们。

6. 在"键盘快捷键和菜单"对话框的"菜单"选项卡中，从下拉列表"菜单类型"中选择"应用程序菜单"。
7. 单击"视图"左边的三角形展开该菜单，如图 1.44 所示。

Photoshop 将显示"视图"菜单中的命令和子命令。

8. 向下滚动到"像素长宽比"处，并通过单击眼睛图标使所有的 DV 和视频格式不可见，总共包括 7 种：从"D1/DV NTSC(0.91)"到"DVCPRO HD 1080（1.5）"，如图 1.45 所示。Photoshop 将从菜单中删除它们。

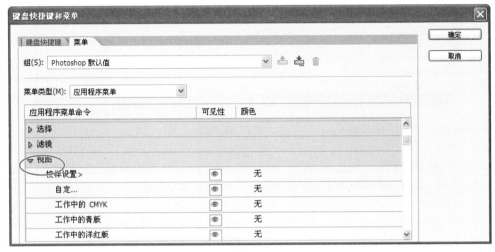

图1.44

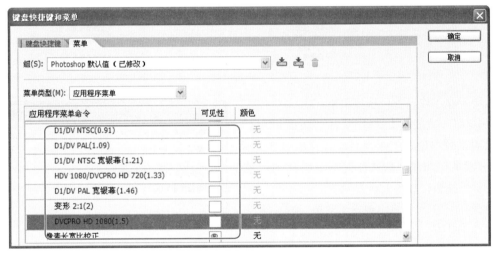

图1.45

9. 展开"图像"菜单。

10. 向下滚动到命令"图像">"模式">"RGB 颜色"处，单击"颜色"栏中的"无"，然后从下拉列表中选择"红色"，如图 1.46 所示。Photoshop 将用红色突出该命令。

11. 单击"确定"按钮关闭"键盘快捷键和菜单"对话框。

12. 选择菜单"图像">"模式"，将发现"RGB 颜色"命令为红色，如图 1.46 所示。

13. 选择菜单"视图">"像素长宽比"，将发现其中没有 DV 和视频格式，如图 1.47 所示。

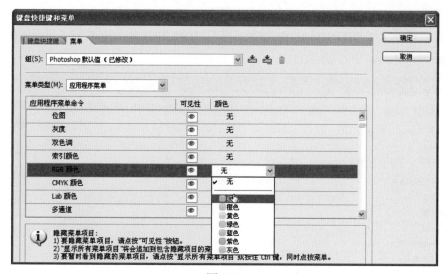

图1.46

图1.47　　　　　　　　　　　　　图1.48

14. 要存储工作区，可选择菜单"窗口">"工作区">"新建工作区"。在"新建工作区"对话框中输入工作区名称，并选中复选框"菜单"和"键盘快捷键"，然后单击"存储"按钮，如图1.48所示。

图1.49

存储的自定工作区将出现在子菜单"窗口">"工作区"中和选项栏的工作区切换下拉列表中。

下面切换到默认工作区。

15. 从菜单栏中的"工作区"下拉列表中选择"基本功能"，不要保存对当前工作区所做的修改。

 注意：选择"基本功能"工作区将改变面板布局，但不会将菜单恢复到默认配置。你现在可以将菜单恢复到默认配置，也可以保留当前设置。在本书各个课程的开头，都将恢复到默认设置。

再次恭喜你！你已完成了第1课。

至此，读者掌握了Photoshop工作区的基本知识，可开始学习如何创建和编辑图像。掌握这些基础知识后，读者可按顺序阅读本书，也可根据兴趣选读本书的课程。

1.6　查找资源

要获取有关使用 Phtoshop 面板、工具和其他应用程序功能的完整和最新信息，请访问 Adobe 网站。要搜索 Phtoshop 帮助和支持文档以及 Phtoshop 用户关心的其他网站，可选择菜单"帮助" > "Phtoshop 帮助"，在这里可筛选搜索结果，只显示 Adobe 帮助和支持文档。

要获取其他资源，如提示和技巧以及最新的产品信息，请访问 Adobe 社区帮助页面，其网址为 community.adobe.com/help/main。

1.7　检查更新

Adobe 定期提供软件更新，只要用户连接到了 Internet，就可通过 Adobe Application Manager 轻松获得这些更新。

1. 在 Photoshop 中，选择菜单"帮助" > "更新"，Adobe Application Manager 将自动检查你的 Adobe 软件是否有更新。

2. 在 Adobe Application Manager 对话框中，选择要安装的更新，然后单击"更新"按钮安装它们。

 注意：要设置更新首选项，在 Adobe Application Manager 中单击"首选项"，选择是否让 Adobe Application Manager 自动通知以及检查哪些应用程序的更新，并单击"确定"按钮让新设置生效。

修改界面设置

默认情况下，Photoshop CS6 的面板、对话框和背景都是黑色的。在 Photoshop "首选项" 对话框中，可加亮界面以及做其他修改。

为此，可按如下步骤进行。

1. 选择菜单"编辑" > "首选项" > "界面"（Windows）或"Photoshop" > "首选项" > "界面"（Mac OS）。

2. 选择其他颜色方案或做其他修改。

选择不同颜色方案后，你将立刻看到变化，如图 1.50 所示。在这个对话框中，还可以为各种屏幕模式指定颜色以及修改其他界面设置。

3. 完成修改后，单击"确定"按钮。

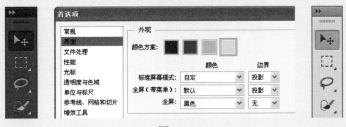

图1.50

工具面板概述

Photoshop CS6
工具面板

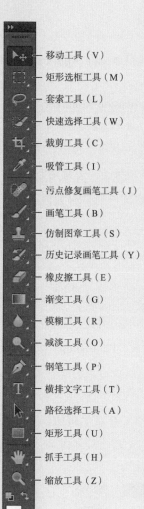

- 移动工具（V）
- 矩形选框工具（M）
- 套索工具（L）
- 快速选择工具（W）
- 裁剪工具（C）
- 吸管工具（I）
- 污点修复画笔工具（J）
- 画笔工具（B）
- 仿制图章工具（S）
- 历史记录画笔工具（Y）
- 橡皮擦工具（E）
- 渐变工具（G）
- 模糊工具（R）
- 减淡工具（O）
- 钢笔工具（P）
- 横排文字工具（T）
- 路径选择工具（A）
- 矩形工具（U）
- 抓手工具（H）
- 缩放工具（Z）

移动工具：移动选区、图层和参考线

选框工具：创建矩形、椭圆、一行和一列的选区

套索工具：建立手绘、多边形和磁性选区

快速选择工具：使用可调整的圆形画笔笔尖快速"绘制"选区

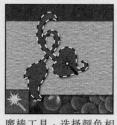

魔棒工具：选择颜色相似的区域

裁剪工具：裁剪和拉直图像以及修改透视

吸管工具：在图像中拾取颜色

3D 材质吸管工具：从3D 对象载入选定的材质

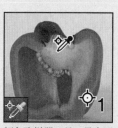

颜色取样器工具：最多可从图像的四个区域取样

标尺工具：测量距离、位置和角度

注释工具：在图像中添加注释

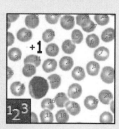

计数工具：统计图像中对象的个数

切片工具：创建切片

切片选择工具：选择切片

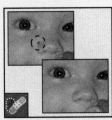

污点修复画笔工具：使用统一的背景快速消除照片中的污点和瑕疵

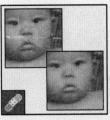

修复画笔工具：使用样本或图案修复图像中的瑕疵

修补工具：使用样本或图案修复图像中选区内的瑕疵

内容感知移动工具：混合像素，让移动的对象与周边环境混为一体

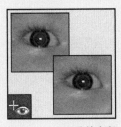

红眼工具：只需单击鼠标就可消除用闪光灯拍摄的照片中的红眼

画笔工具：绘制画笔描边

铅笔工具：绘制硬边缘描边

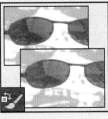

颜色替换工具：用一种颜色替换另一种颜色

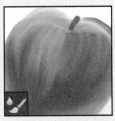

混合器画笔工具：混合采集的颜色与现有颜色

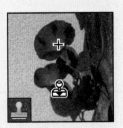

仿制图章工具：使用样本绘画

图案图章工具：使用图像的一部分作为图案来绘画

历史记录画笔工具：在当前图像窗口绘制选定状态或快照的复制

历史记录艺术画笔：使用选定历史记录状态或快照绘制样式化描边，以模拟不同的绘画样式外观

橡皮擦工具：擦除像素，将部分图像恢复到以前存储的状态

背景橡皮擦工具：通过拖曳鼠标使区域变成透明的

魔术橡皮擦工具：只需单击鼠标便可让纯色区域变成透明的

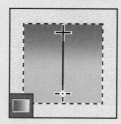

渐变工具：创建不同颜色间的线性、径向、角度、对称、菱形混合

油漆桶工具：使用前景颜色填充颜色相似的区域

3D 材质拖放工具：将3D 材质吸管工具载入的材质放到 3D 对象的目标区域

模糊工具：柔化图像的硬边缘

锐化工具：锐化图像的软边缘

涂抹工具：在图像中涂抹颜色

减淡工具：使图像区域
变亮

加深工具：使图像区域
变暗

海绵工具：修改区域中
的颜色饱和度

钢笔工具：绘制边缘平
滑的路径

文字工具：在图像中创
建文字

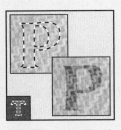

文字蒙版工具：基于文
字的形状创建选区

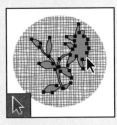

路径选择工具：使形状
或路径段显示锚点、方
向线和方向点

形状工具和直线工具：
在常规图层或形状图层
中绘制形状和直线

自定形状工具：创建自
定形状列表中的自定形
状

抓手工具：在图像窗口
中移动图像

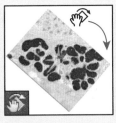

旋转视图工具：非破坏
性地旋转画布

缩放工具：放大和缩小
图像视图

复习

复习题

1. 指出两种可在 Photoshop 中打开的图像。
2. 如何使用 Adobe Bridge 打开图像文件？
3. 在 Photoshop 中如何选择工具？
4. 描述两种修改图像视图的方法。
5. 获得更多 Photoshop 信息的途径有哪两种？

复习题答案

1. 通过扫描将照片、正片、负片或图形导入 Photoshop 中；捕获视频图像；导入在绘画程序中创作的作品；还可以导入数字照片。
2. 选择菜单"文件" > "在 Bridge 中浏览"打开 Bridge，找到要打开的图像文件，然后双击其缩略图在 Photoshop 中打开它。
3. 单击工具面板中相应的按钮或按相应的快捷键。选择的工具将一直处于活动状态，直到选择了其他工具。要选择隐藏的工具，可使用键盘快捷键在工具间切换，也可在工具面板中的工具按钮上按住鼠标打开隐藏工具列表。
4. 可从"视图"菜单中选择相应的命令来缩放图像或使图像适合屏幕。也可以使用缩放工具在图像上单击或拖曳来缩放其视图。另外，还可使用键盘快捷键和"导航器"面板来控制图像的显示比例。
5. Photoshop 帮助系统包含 Photoshop 功能的完整信息以及快捷键列表、基于任务的主题和图示。还包含到 Adobe System Photoshop 网页的链接，让用户能够获得更多与 Photoshop 相关的服务、产品和提示的信息。

第2课 照片校正基础

在本课中，读者将学习以下内容：

- 理解图像的分辨率和尺寸；

- 在 Camera Raw 中打开并编辑图像；

- 调整图像的色调范围；

- 修齐和裁剪图像；

- 使用颜色替换工具替换颜色；

- 使用海绵工具调整某些区域的饱和度；

- 使用仿制图章工具消除不想要的图像区域；

- 使用污点修复画笔工具修复图像；

- 使用内容识别修补消除瑕疵；

- 应用 USM 锐化滤镜来完成照片修饰过程；

- 将图像文件保存供排版程序使用。

完成本课程需要大约 1 小时。如果还没有将 Lesson02 文件夹复制到硬盘中，请现在就这样做。学习本课时，请保留初始文件。如果需要恢复初始文件，只需从配套光盘再次复制它们即可。

Adobe Photoshop 提供了各种改善照片质量的工具和命令。本课将引领读者获取用于印刷的照片，调整其大小并对其进行修饰。这种基本工作流程也适用于处理 Web 图像。

2.1 修饰策略

修饰工作量取决于要处理的图像以及你要实现的目标。对很多图像来说，只需在随 Adobe Photoshop 一起安装的 Adobe Camera Raw 中单击几下鼠标就可获得所需的结果；而对于其他图像，可能需要首先在 Camera Raw 中调整白平衡，然后使用 Photoshop 进行更复杂的修饰，如对选定的图像部分应用滤镜。

2.1.1 组织高效的任务序列

大部分修饰工作都遵循如下通用步骤。

- 复制原始图像或扫描件（务必对图像文件的副本进行处理，这样在必要时可以恢复原来的图像）。
- 确保分辨率适合图像的使用方式。
- 裁剪图像至最终尺寸和方向。
- 修复受损照片扫描件的缺陷（如裂缝、粉尘、污迹）。
- 调整图片的整体对比度或色调范围。
- 消除色偏。
- 调整图像特定部分的颜色和色调，以突出高光、中间调、阴影和不饱和的颜色。
- 通过锐化提高图像的整体清晰度。
- 通常应按上述顺序完成这些步骤，否则某个处理步骤的结果可能对图像的其他方面带来不合适的影响，导致必须重做某些操作。

 注意：在第 1 课，读者使用了调整图层，这提供了极大的灵活性，让你能够尝试不同的校正设置，而不会破坏原始图像。

2.1.2 根据使用图像的方式调整处理流程

对图像应用什么样的修饰方法在某种程度上取决于你将如何使用图像。图像将用于使用新闻纸的黑白出版物中还是彩色 Internet 发布，将影响从图像所需的原始扫描分辨率到色调范围类型以及颜色校正等环节。Photoshop 支持 CMYK 颜色模式（用于处理使用原色印刷的图像）、RGB 和其他颜色模式（用于 Web 和移动创作）。

为演示修饰技术的应用，本课将引导读者校正一幅用于四色印刷出版物的照片。

有关 CMYK 和 RGB 颜色模式的更详细信息，可以参阅第 14 课。

2.2 分辨率和图像尺寸

在 Photoshop 中修饰照片的第一步是确保图像的分辨率合适。分辨率指的是描述图像并生成图像细节的小方块（像素）数量。分辨率由像素尺寸（图像水平和垂直方向的像素数）决定，如图 2.1 所示。

计算机图形学中，有多种类型的分辨率。

图像中单位长度的像素数称为图像分辨率，单位通常为像素 /

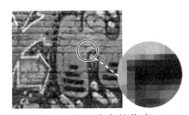

图2.1 照片中的像素

每英寸（ppi）。在尺寸相同的情况下，高分辨率图像的像素数比低分辨率图像多，因此文件更大。Photoshop 可以处理从高分辨率（300ppi 或更高）到低分辨率（72ppi 或 96ppi）的图像。

　　显示器上单位长度的像素数被称为显示器分辨率，单位也是像素 / 每英寸（ppi）。图像像素被直接转换为显示器像素。在 Photoshop 中，如果图像分辨率比显示器分辨率高，则在屏幕上显示的图像将比实际打印尺寸大。例如，如果在 72ppi 的显示器上显示长、宽都为 1 英寸的 144ppi 图像时，其长和宽都将为 2 英寸，如图 2.2 所示。

分辨率为 72ppi，尺寸为 4×6 英寸时，文件大小为 365.4 KB　　　100% 视图　　　　　　分辨率为 200ppi，尺寸为 4×6 英寸时，文件大小为 2.75 MB　　　100% 视图

图2.2

 注意：在屏幕上工作时，理解"100% 视图"很重要。在 100% 视图下，1 个图像像素对应于 1 个显示器像素。除非图像的分辨率与显示器的分辨率相同，否则屏幕上的图像尺寸可能比打印出来的图像尺寸大或小。

　　照排机或激光打印机在每英寸中打印的墨点数（dpi）称为打印分辨率或输出分辨率。当然，高分辨率的打印机与高分辨率的图像结合通常能生成最好的图像质量。印刷图像的合适分辨率取决于打印机分辨率和半调网的网频（每英寸的线数（lpi））。

　　图像分辨率越高，图像文件越大，从网上下载所需的时间越长。

　　有关分辨率和图像大小的更详细信息，请参阅 Photoshop 帮助。

 注意：在确定本课使用的照片的图像分辨率时，遵循了计算机图形学中针对用于在大型商业打印机上打印的彩色或灰度图像的经验规则：以分辨率为打印机使用的网频的 1.5 ~ 2 倍进行扫描。由于在杂志中，图像使用 133 lpi 进行印刷，因此使用 200（133×1.5）ppi 的分辨率进行扫描。

2.3　概　述

　　本课将处理一张扫描得到的照片，以便将其用于使用 Adobe InDesign 排版的杂志中。在印刷出的杂志中，图像的尺寸为 3.5×2.5 英寸。

　　首先对扫描得到的初始图像同处理后的图像进行比较。

1. 启动 Adobe Bridge CS6，方法是选择菜单"开始"＞"所有程序"＞"Adobe Bridge CS6"（Windows）或双击文件夹 Application 中的 Adobe Bridge CS6（Mac OS）。
2. 在 Bridge 左上角的收藏夹面板中单击文件夹 Lessons，然后在内容面板双击文件夹 Lesson02 以查看其内容。
3. 对文件 02Start.jpg 和 02End.psd 进行比较，如图 2.3 所示。要放大内容面板中的缩览图，可将 Bridge 窗口底部的缩览图滑块向右拖曳。

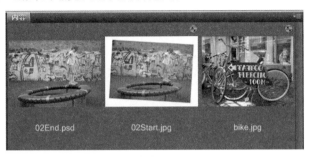

图2.3

在文件 02Start.jpg 中，注意到原始扫描图像是歪的、相对较暗且存在红色色偏；另外尺寸也比杂志要求的大。本课将解决这些质量问题，并修改帽子的颜色。首先来调整图像的颜色和色调。

4. 选择 02Start.jpg 的缩略图，并选择菜单"文件"＞"在 Camera Raw 中打开"。

这将在 Camera Raw 中打开该图像，如图 2.4 所示。当你对图像进行修改时，Camera Raw 将在一个独立的文件存储这些修改，但该文件与原始图像文件关联在一起。在 Camera Raw 中，可随时恢复到图像的原始状态。

图2.4

2.4 在 Camera Raw 中调整颜色

下面首先消除该图像的色偏并调整其颜色和色调。

Ps | **注意**：第 5 课将更详细地介绍 Camera Raw。

1. 在 Camera Raw 对话框顶部选择白平衡工具（🖋️）。
   调整白平衡将修改图像的所有颜色。为设置精确的白平衡，选择一个原本为白色或灰色的区域。
2. 单击涂鸦中的白色区域，图像的色调将发生急剧变化。
3. 单击女孩的白鞋，颜色色调将再次变化，如图 2.5 所示。

图2.5

对有些图像来说，调整白平衡就足以消除图像的色偏并校正色调。设置白平衡是不错的开始，接下来使用基本面板中的设置来微调色调。

4. 在基本面板中，将"色温"和"色调"滑块分别移到 -53 和 -54 处。
5. 在基本面板的下一部分，将滑块设置为如下值：
   - 曝光：-0.50 ；
   - 对比度：+23 ；
   - 黑色：18。
6. 在基本面板的最后一部分，将滑块设置为如下值：
   - 清晰度：+12 ；
   - 自然饱和度：+25 ；
   - 饱和度：+5。
7. 取消选中 Camera Raw 窗口顶部的复选框"预览"，将编辑后的版本与原始图像进行比较。
   再次选中该复选框，看看修改将如何影响图像，如图 2.6 所示。
   现在可以将图像移到 Photoshop 中继续修饰了。
8. 单击 Camera Raw 窗口底部的按钮"打开图像"，在 Photoshop 中打开它。

9. 在 Photoshop 中，选择菜单"文件">"存储为"，将文件重命名为 02Working.psd，然后单击"保存"按钮将其存储到文件夹 Lesson02 中。

对图像文件进行永久性处理时，对副本而不是原件进行处理总是明智的选择。这样，以后如果出现严重的错误，至少还可以使用原件的新副本重新进行处理。

选中复选框"预览"

取消复选框"预览"

图2.6

2.5 在 Photohsop 中拉直和裁剪图像

你将使用裁剪工具来拉直、修剪和缩放照片，使其适合杂志要求的空间。你可以使用裁剪工具或"裁剪"命令来裁剪图像。默认情况下，裁剪是非破坏性的，因此如果需要，你可改变主意，恢复到原来的图像。

1. 在工具面板中，选择裁剪工具（口）。

2. 在选项栏中，从下拉列表"预设长宽比"中选择"大小和分辨率"（默认设置为"不受约束"）。

3. 在"裁剪图像大小和分辨率"对话框中，将宽度和高度分别设置为 3.5 和 2.5 英寸，并将分辨率设置为 200 像素 / 英寸，再单击"确定"按钮。

"预设长宽比"将变为你指定的预设，并出现一个裁剪网格，而裁剪罩盖住了裁剪边框外的区域，如图 2.7 所示。下面首先来拉直图像。

4. 单击选项栏中的"拉直"，鼠标将变成拉直工具图标。

5. 单击照片的左上角，并沿照片上边缘拖曳到右上角。

Photoshop 将拉直图像，让你绘制的直线与图像区域的上边缘平行，如图 2.8 所示。这里沿照片上边缘绘制了一条直线，但只要你绘制的直线定义了图像的水平或垂直轴都行。

图2.7

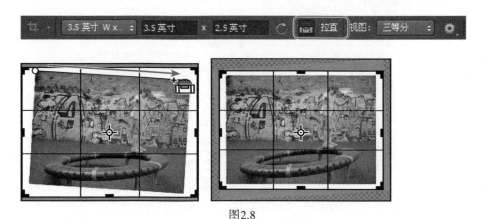

图2.8

下面将白色边框裁剪掉并缩放图像。

6. 将裁剪网格的各个角向内拖曳到照片的相应角，将所有的白色区域都删除。如果必要，使用箭头键来移动照片，使其位于裁剪网格内。

7. 按回车键，图像将被裁剪。图像窗口中显示的是裁剪后的图像，其尺寸与指定的值相同且被修齐，如图 2.9 所示。

图2.9

> **Ps** 提示：可使用"图像">"裁切"命令根据透明色或边缘色来删除图像周围的边缘区域。

8. 要查看图像的尺寸，可从 Photoshop 窗口左下角的下拉列表中选择"文档尺寸"。

9. 选择菜单"文件">"存储"保存文件。如果出现"Photoshop 格式选项"对话框，单击"确定"按钮。

2.6　替换图像中的颜色

通过使用颜色替换工具进行绘画，可将一种颜色替换为另一种颜色。当你开始使用颜色替换工具进行绘画时，它将对当前颜色进行分析，随后只替换类似的颜色，因此不要求你绘画时非常精确。可通过设置指定被替换的颜色是否连续以及它们的相似程度。

下面使用颜色替换工具修改运动场图像中女孩帽子的颜色。

1. 放大图像以便能够清晰地看到女孩的帽子。

2. 在工具面板中，选择隐藏在画笔工具（✏️）后面的颜色替换工具（✏️），如图 2.10 所示。

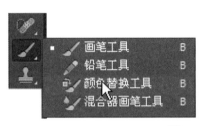

图2.10

3. 单击工具面板中的前景色色板。在拾色器中选择一种绿色，这里选择的颜色的 R、G、B 值分别是 49、184 和 6。

下面使用该前景色在红色帽子上绘画。

4. 在选项栏中，打开弹出式画笔面板以便能够看到画笔选项。

5. 将"大小"滑块移到 13 像素处，将"硬度"滑块设置为 40%，将"间距"滑块设置为 25%，并从下拉列表"大小"和"容差"中选择"关闭"，如图 2.11 所示。

6. 在选项栏中，从"模式"下拉列表中选择"色相"，然后单击该下拉列表右边的"连续取样"按钮（✏️）。从"限制"下拉列表中选择"查找边缘"，将容差设置为 32%，并确保选中了复选框"消除锯齿"。

7. 从帽子中央开始向边缘绘画，如图 2.12 所示。

8. 如果愿意，选择更小的画笔并继续向帽子边缘绘画。必要时可放大图像。

9. 帽子变成绿色后将文件存盘，如图 2.13 所示。

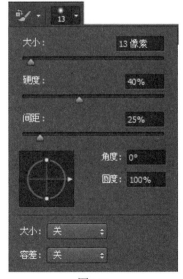

图2.11

图2.12   图2.13

2.7　使用海绵工具调整饱和度

修改颜色的饱和度时，调整的是其强度（纯度）。在对图像特定区域的饱和度进行微调方面，海绵工具很有用。下面使用海绵工具提高墙上涂鸦的颜色饱和度。

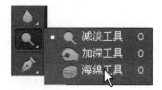

1. 如果必要，缩小图像或向下滚动以便能够看到彩色涂鸦。
2. 选择隐藏在减淡工具（🔍）后面的海绵工具（🧽），如图 2.14
   所示。

图2.14

3. 在选项栏中做如下设置（如图 2.15 所示）。
- 在下拉式画笔面板中，将"大小"滑块设置为 150 像素，将"硬度"滑块设置为 0。
- 从下拉列表"模式"中选择"饱和"。
- 在"流量"文本框中输入 40%，流量值决定了饱和效果的强度。

4. 在女孩左边的涂鸦上来回拖曳，以提高其颜色饱和度，如图 2.15 所示。在同一个区域上来回拖曳的次数越多，该区域的颜色饱和度越高。注意不要使涂鸦的颜色过度饱和。

图2.15

5. 选择移动工具（➤+）以免不小心提高其他地方的颜色饱和度。
6. 保存文件。

2.8　使用仿制图章工具修复特定区域

仿制图章工具使用图像中一个区域的像素来替换另一部分的像素。使用它不但可以删除图像中不想要的东西，还可以修补从受损原作扫描得到的图片中缺失的区域。

下面使用从图像其他区域仿制的砖墙来替换墙上的白色区域。

1. 在工具面板中选择仿制图章工具（🖌）。
2. 在选项栏中，打开弹出式画笔面板，并将大小和硬度分别设置为 21 和 0%。然后，确保选中了复选框"对齐"，如图 2.16 所示。

图2.16

3. 选择菜单"窗口" > "仿制源"打开仿制源面板，该面板让你能够更好地控制要从哪里仿制（这里是砖墙）。
4. 在仿制源面板中，选中复选框"显示叠加"和"已剪切"，并确保"不透明度"设置为 100%。通过显示叠加，可在仿制前看到将仿制的内容。
5. 将鼠标移到墙上白色区域右边的深色砖块上（可能需要放大图像以清晰地查看该区域）。
6. 按住 Alt（Windows）或 Option 键（Mac OS）并单击进行取样。按住 Alt 或 Option 键时，鼠标将变成瞄准器，如图 2.17 所示。

图2.17

7. 从女孩帽子右边开始向右拖曳鼠标（在砖墙的白色区域上面拖曳鼠标），如图 2.18 所示。叠加让用户能够看到仿制结果，这对确保砖墙在同一条直线上很有用。

图2.18

8. 松开鼠标按钮，将鼠标移到另一个白色区域，然后开始拖曳。

每次单击仿制图章工具时，都将使用新的取样点，且单击点与取样点的相对关系始终与首次仿制时相同。也就是说，如果继续向右绘制，它将从右边的砖块而不是最初的源点取样。这是由于在选项栏中选择了复选框"对齐"。

> **Ps** | **注意：**如果没有选中复选框"对齐"，则每次仿制时都从相同的取样点取样，而与在哪里单击鼠标无关。

9. 继续仿制砖墙直到填满整个白色区域。

如果必要，可像第 6 步那样重新设置取样区域以调整仿制，让仿制的砖墙与图像其他部分更协调。也可取消选中复选框"对齐"，然后再仿制。

10. 对仿制的砖墙满意后（如图 2.19 所示），关闭仿制源面板，再选择菜单"文件">"存储"。

图2.19

2.9 使用污点修复画笔工具

下一项任务是清理墙上的一些深色污点。也可使用仿制图章工具来完成这项任务，但这里将使用另一种技术：使用污点修复画笔来清理墙面。

污点修复画笔工具可快速删除照片中的污点和其他不理想部分。它使用从图像或图案中采集的像素进行绘画，并将样本像素的纹理、光照、透明度和阴影与所修复的像素相匹配。与仿制图章工具不同，污点修复画笔不要求你指定取样点，而是自动从所修饰区域的周围取样。

> **Ps** | **注意：**修复画笔工具的工作原理与污点修复画笔工具类似，只是在修复前需要指定源像素。

污点修复画笔非常适合用于修饰肖像中的瑕疵，但也可用于消除墙面上的深色污点，因为墙面的外观相当一致。

1. 放大或滚动图像，以便能够看到图像左上角的深色区域。

2. 在工具面板中，选择污点修复画笔工具（🩹）。

3. 在选项栏中，打开弹出式画笔面板，将画笔大小设置为 40 像素，将硬度设置为 100%，如图 2.20 所示。

图2.20

4. 在图像窗口中，在图像左上角的深色污点上从右向左拖曳。可随便绘制，直到对结果满意为止。拖曳鼠标时，描边为黑色，但松开鼠标后，绘制的区域便修复好了，如图 2.21 所示。

图2.21

5. 选择菜单"文件">"存储"。

2.10 使用内容识别修补

内容识别修补让混合更轻松，它使用与周围匹配的相似填充选区。内容识别修补不同于仿制，因为你不需要从图像的一部分复制到另一部分。实际上，它就像变魔术。你可以使用与周边内容类似的内容填充任何选区，就像你选择的对象不存在一样。下面将使用内容识别填充来修复砖墙：消除墙壁左边的大裂缝和较暗的区域。由于墙壁的颜色、纹理和光照很不一致，如果使用仿制图章工具来修复这些区域，将非常麻烦。幸运的是，修补让这种修复很容易。

1. 在工具面板中，选择隐藏在污点修复画笔工具（🖌）后面的修补工具（🗇）。
2. 在选项栏中，从"修补"下拉列表中选择"内容识别"，确保从下拉列表"适应"中选择了"中"，并选中了复选框"对所有图层取样"。
3. 在裂缝周围拖曳鼠标以选择裂缝。
4. 在刚选定的区域内单击并将向右拖曳。

选区将变得与周围一致，如图 2.22 所示。

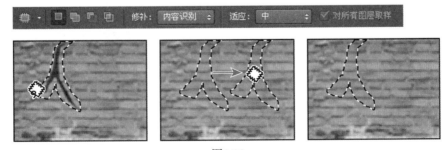

图2.22

5. 选择菜单"选择">"取消选择"。

6. 使用修补工具选择墙壁左上角较暗的区域。为确保选区涵盖图像边缘，可将鼠标拖曳到照片外面。

7. 将选定区域向右拖曳，再松开鼠标，如图 2.23 所示。

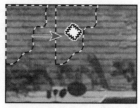

图2.23

8. 选择菜单"选择">"取消选择"。

2.11 应用 USM 锐化滤镜

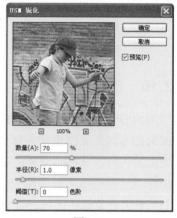

图2.24

修饰照片时，你可能想执行的最后一步是应用 USM 锐化滤镜。USM 锐化滤镜调整边缘细节的对比度，营造出图像更清晰的假象。

1. 选择"滤镜">"锐化">"USM 锐化"。

2. 在"USM 锐化"对话框中，确保选择了复选框"预览"，以便能够在图像窗口中看到结果。

可以在该对话框的预览窗口中拖曳，以查看图像的不同部分；还可以使用缩览图下面的"加号"和"减号"按钮缩放图像。

3. 拖曳"数量"滑块至 70% 左右以锐化图像，如图 2.24 所示。

 提示：尝试不同的设置前取消选中复选框"预览"，然后再选中它以查看修改对图像的影响。另外，也可以在对话框的缩览图上单击并按住鼠标，暂时消除滤镜的影响。如果图像很大，在缩览图中查看滤镜效果的效率将更高，因为在这种情况下只需重绘一小块区域。

---

4. 拖曳"半径"滑块。该设置决定了边缘像素周围将有多少像素会影响锐化。图像的分辨率越高，"半径"设置应越大（这里使用默认值 1.0 像素）。

5. （可选）调整"阈值"滑块。该设置决定了像素的色调必须与周边像素相差多少才被视为边缘像素，进而使用 USM 锐化滤镜对其进行锐化。默认阈值为 0，这将锐化图像中所有的像素。可尝试其他值，如 2 或 3。

6. 对结果满意后，单击"确定"应用 USM 锐化滤镜。结果如图 2.25 所示。

7. 选择菜单"文件">"存储"。

图2.25

USM锐化

　　USM是一种传统的胶片合成技术，用于锐化图像的边缘。USM锐化滤镜校正拍摄、扫描或重取样过程中带来的模糊，对于用于印刷和在线浏览的图像都很有用。

　　USM根据指定的阈值找出与周边像素不同的像素，进而根据指定的数量提高像素的对比度。另外，还可以指定半径，它决定了将对每个像素同多大区域内的其他像素进行比较。

　　在屏幕上，USM锐化滤镜的效果比在高分辨率输出中明显得多。如果最终目标是印刷，应通过尝试确定什么样的设置最适合你的图像。

2.12　保存用于四色印刷的图像

　　将 Photoshop 文件保存用于四色出版物之前，必须将图像的颜色模式改为 CMYK，以便能够用四色印刷油墨正确地印刷出版物。使用"模式"命令来修改图像的颜色模式。

　　有关颜色模式的更详细信息，请参阅 Photoshop 帮助。

1. 选择菜单"文件">"存储为"，将文件存储为 02_CMYK.psd。如果出现"Photohsop 格式选项"对话框，单击"确定"按钮。

在修改颜色模式前，最好存储原始文件的副本，这样以后在必要时可修改原始文件。

2. 选择菜单"图像">"模式">"CMYK 颜色"，在出现的有关色彩管理配置文件的警告对话框中，单击"确定"按钮。

注意：大多数图像都包含多个图层，在修改颜色模式前选择菜单"图层">"合并可见图层"，可确保所有修改都包含在 CMYK 图像中。

　　如果这幅图像要用于出版，应确保它使用了合适的 CMYK 配置文件。有关色彩管理的详细内容，请参阅第 14 课。

3. 如果使用 Adobe InDesign 来制作出版物，可直接选择"文件">"存储"。在 InDesign 中，可以导入 Photoshop 文件，因此不需要将图像转换为 TIFF 格式。

　　如果使用的是其他排版程序，请选择菜单"文件">"存储为"，然后按第 4 步将图像存储为 TIFF 文件。

4. 在"存储为"对话框中，从下拉列表"格式"中选择"TIFF"。
5. 单击"保存"按钮。
6. 在"TIFF 选项"对话框中，根据你使用的操作系统选择正确的"字节顺序"，然后单击"确定"按钮，如图 2.26 所示。

至此，完成了所有图像修饰工作（结果如图 2.27 所示）并保存了图像，可在排版程序中使用它。

有关文件格式的更详细信息，请参阅 Photoshop 帮助。

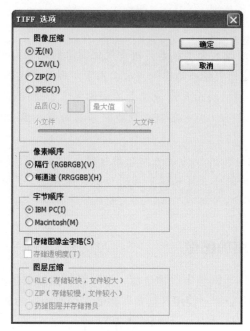

图2.26

图2.27

可在 Adobe InDesign
等排版软件中使用
Photoshop 图像

转换为黑白版本

通过在Photoshop或Camera Raw中将彩色图像转换为黑白的，可得到很不错的结果。

在Photoshop中将图像转换为黑白的步骤如下。

1. 选择菜单"文件">"打开"，选择文件夹 Lesson02 中的文件 bike.jpg。

2. 如果在 Camera Raw 中打开了文件，单击"打开图像"按钮在 Photoshop 中打开它。

3. 在调整面板中，单击"黑白"按钮添加一个黑白调整图层，如图 2.28 所示。

图2.28

4. 调整颜色滑块以修改颜色的饱和度；也可尝试下拉列表中的预设，如"较暗"和"红外线"；还可选择属性面板左上角的工具，然后在图像中拖曳以调整与该区域相关的颜色（这里加暗了自行车，并让背景区域更亮）。

5. 如果要给照片添加色调，可选中复选框"色调"，再单击右边的色板并选择一种颜色（这里选择的颜色的 GRB 值为 227、209、198）。

在Camera Raw中将图像转换为黑白的步骤如下。

1. 在 Brdige 中，选择文件 bike.jpg，再选择菜单"文件">"在 Camera Raw 中打开"。

2. 在 Camera Raw 中，单击标签"HSL/灰度"。

3. 选中复选框"转换为灰度"，然后调整"灰度混合"部分的颜色滑块以修改转换设置，如图 2.29 所示。

图2.29

复习

复习题

1. 分辨率指的是什么？
2. 裁剪工具有何用途？
3. 如何在 Camera Raw 中调整图像的色调和颜色？
4. 使用什么工具可消除图像中的瑕疵？
5. USM 锐化滤镜对图像有何影响？

复习题答案

1. 分辨率指的是描述图像并构成图像细节的像素数。图像分辨率和显示器分辨率的单位都是像素 / 英寸（ppi），而打印机分辨率的单位墨点 / 英寸（dpi）。
2. 可以使用裁剪工具对图像进行剪切、拉直和缩放。
3. 使用白平衡工具来调整色温，然后使用基本面板中的滑块来微调颜色和色调。
4. 修复画笔、污点修复画笔、修补工具、仿制图章工具和内容识别填充都让用户能够使用图像中的其他区域替换图像中不想要的部分。仿制图章工具精确地复制源区域；修复画笔和污点修复画笔将修复区域与周围像素混合；污点修复画笔根本不需要设置源点，而修复区域使其与周围像素匹配。内容识别模式下的修补工具和内容识别填充将选定区域替换为与周边区域匹配的内容。
5. USM 锐化滤镜调整边缘细节的对比度，营造出图像更清晰的假象。

第3课 使用选区

在本课中，读者将学习以下内容：

- 使用选取工具让图像的特定区域处于活动状态；

- 调整选框的位置；

- 移动和复制选区内容；

- 结合使用键盘和鼠标来节省时间和减少手的移动；

- 取消选区；

- 限制选区的移动方式；

- 使用方向键调整选区的位置；

- 将区域加入选区以及将区域从选区中删除；

- 旋转选区；

- 使用多种选取工具创建复杂选区；

- 擦除选区中的像素。

　　本课需要大约 1 小时。如果还没有将文件夹 Lesson03 复制到硬盘中，请现在就这样做。在学习过程中，请保留初始文件；如果需要恢复初始文件，只需从配套光盘中再次复制即可。

学习如何选择图像区域至关重要，
因为必须先选择要修改的区域。建立选
区后，用户只能编辑选区内容。

3.1 选择和选取工具

在 Photoshop 中，对图像中的区域进行修改由两步组成：首先使用某种选取工具来选择要修改的图像区域；然后使用其他工具、滤镜或功能进行修改，如将选中的像素移到其他地方或对选区应用滤镜。可以基于大小、形状和颜色来创建选区。通过选择，可以将修改限制在选区内，而其他区域不受影响。

 注意：读者将在第 8 课中学习如何使用钢笔工具选择矢量区域。

对特定的区域而言，什么是最佳的选取工具取决于该区域的特征，如形状和颜色。有四种类型的选取工具。

几何选取工具：使用矩形选框工具（ ▭ ）在图像中选择矩形区域；椭圆选框工具（ ○ ）隐藏在矩形选框工具的后面，用于选择椭圆形区域；单行选框工具（ ▭ ）和单列选框工具（ ▯ ）分别用于选择一行和一列像素，如图 3.1 所示。

图3.1

手绘选取工具：可以拖曳套索工具（ ○ ）来生成手绘选区；使用多边形套索工具（ ▷ ），可以通过单击设置锚点，进而创建由线段环绕而成的选区；磁性套索工具（ ▷ ）类似于另外两种套索工具的组合，最适合在要选择的区域同周边区域有很强的对比度时使用，如图 3.2 所示。

图3.2

基于边缘的选取工具：快速选择工具（ ✎ ）自动查找边缘并以边缘为边界建立选区。

基于颜色的选取工具：魔棒工具（ ✎ ）基于相邻像素颜色的相似性来选择图像中的区域。在选择形状古怪但颜色在特定范围内的区域时，这个工具很有用，如图 3.3 所示。

图3.3

3.2 概　述

首先来看看读者在学习 Adobe Photoshop 选取工具的过程中将创建的图像。

1. 启动 Photoshop 并立刻按快捷键 Ctrl + Alt + Shift（Windows）或 Command + Option + Shift（Mac OS）以恢复默认首选项（参见前言中的"恢复默认首选项"）。

2. 出现提示对话框时，单击"是"确认要删除 Adobe Photoshop 设置文件。

3. 选择菜单"文件" > "在 Bridge 中浏览"以启动 Adobe Bridge。

4. 在收藏夹面板中单击文件夹 Lessons，再双击内容面板中的文件夹 Lesson03，以查看其内容。

5. 观察文件 03End.psd（如图 3.4 所示），如果希望看到图像的更多细节，将缩览图滑块向右移。

图3.4

该项目是一幅拼贴画，包括一块珊瑚、一个海胆、一个蛤贝、一只鹦鹉螺、一叠贝壳、一块木板以及徽标 Sally's Seashells。本课面临的挑战是，如何排列这些元素，它们被扫描到图像 03Start.psd 中。理想的组合取决于个人判断，因此本课不会指定它们的精确位置。在如何放置这些元素方面并没有对错之分。

6. 双击 03Start.psd 的缩览图在 Photoshop 中打开该图像文件。

7. 选择菜单"文件">"存储为"，将该文件重命名为 03Working.psd，并单击"保存"按钮。通过存储原始文件的另一个版本，就不用担心覆盖原始文件了。

3.3 使用快速选择工具

使用快速选择工具是最容易的选区创建方法之一。用户只需在图像上拖曳，该工具就会自动查找边缘。也可将区域添加到选区中或从选区中减去，直到对选区满意。

在文件 03Working.psd 中，海胆的边缘非常清晰，非常适合使用快速选择工具来选择。下面将选择海胆，而不选择它后面的阴影和背景。

1. 在工具面板中选择缩放工具，然后放大海胆以便能够看得很清楚。

2. 在工具面板中选择快速选择工具（ ）。

3. 单击海胆边缘附近的米黄色区域，快速选择工具将自动查找全部边缘并选择整个海胆，如图 3.5 所示。

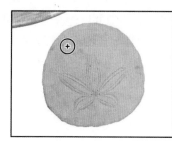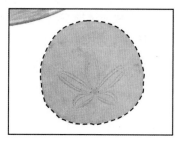

图3.5

让选区处于活动状态，以便在下个练习中使用它。

3.4 移动选区

建立选区后，修改将只应用于选区内的像素，图像的其他部分不受影响。

要将选中的图像区域移到另一个地方，可使用移动工具。该图像只有一个图层，因此移动的像素将替换它下面的像素。仅当取消选择移动的像素后，这种修改才固定下来，因此读者可尝试将选区移到不同位置，然后再做最后决定。

1. 如果海胆没有被选中，请重复前一个练习选中它。

2. 缩小图像以便可以同时看到木板和海胆。

3. 选择移动工具（ ），注意到海胆仍被选中。

4. 将选区（海胆）拖曳至拼贴图的左边，让海胆与木板的左下边缘重叠，如图 3.6 所示。

5. 选择菜单"选择" > "取消选择"，然后选择菜单"文件" > "存储"。

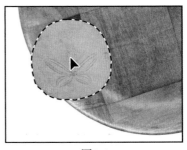

图3.6

在 Photoshop 中，无意间取消选择的可能性不大。除非某个选取工具处于活动状态，否则在图像的其他地方单击不会取消选择。要取消选择，可使用下列三种方法之一：选择菜单"选择" > "取消选择"；按快捷键 Ctrl + D（Windows）或 Command + D（Mac OS）；在选择了某个选取工具的情况下，在当前选区外单击，这将取消当前选区并开始建立新选区。

来自Photoshop布道者的提示
移动工具使用技巧

　　使用移动工具在包含多个图层的文件中移动对象时，如果突然需要选择其中的一个图层，可以这样做：在选中移动工具后，将鼠标指向图像的任何区域，然后单击鼠标右键（Windows）或按住Control键并单击鼠标（Mac OS），鼠标下面的图层将出现在上下文菜单中，选择要激活的图层。

3.5　处理选区

　　创建选区时可调整其位置、移动选区和复制选区。在本节，读者将学习处理选区的几种方法。这些方法中大多数可处理所有选区，但这里将使用这些方法和椭圆形选框工具，让读者能够选择椭圆形和圆形。

　　本节将介绍一些键盘快捷键，以节省时间和减少手臂的移动。

3.5.1　创建选框时调整其位置

　　选择椭圆形或圆形区域需要一些技巧。从什么地方开始拖曳并非总是很明显，有时选区会偏离中心或者长宽比与需求不符。本节将介绍应对这些问题的方法，其中包括两个重要键盘 - 鼠标组合，让读者能够更轻松地使用 Photoshop。

　　在本节中，一定要遵循有关按住鼠标按键和键盘按键的指示。如果松开鼠标按钮的时机不正确，只需要第 1 步开始重做即可。

1. 选择缩放工具（🔍），单击图像窗口右边的那碟贝壳，将其至少放大到 100%（如果屏幕分辨率足够高，可使用 200% 的视图，条件是这不会导致整碟贝壳不会超出屏幕）。

2. 选择隐藏在矩形选框工具后面的椭圆选框工具（◯）。

3. 将鼠标指向碟子，向右下方拖曳创建一个椭圆形选区，但不要松开鼠标。选区与碟子不重叠没有关系。

如果不小心松开了鼠标按钮，请重新创建选区。在大多数情况下（包括这里），新选区将替代原来的选区。

4. 在按住鼠标的同时按下空格键，并拖曳选区。这将移动选区，而不是调整选区大小。调整选区的位置，使其与碟子更匹配。

5. 松开空格键（但不要松开鼠标），继续拖曳使选区的大小和形状尽可能与碟子匹配。必要时再次按下空格键并拖曳，将选框移到碟子周围的正确位置，如图 3.7 所示。

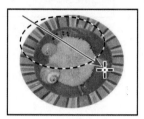 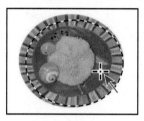 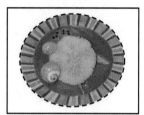

图3.7

 注意：不必包含整个碟子，但选区的形状应该与碟子相同，且包含所有贝壳。

6. 选区的位置合适后松开鼠标。

7. 选择"视图">"缩小"或使用导航器面板中的滑块缩小视图，直到能够看到图像窗口中的所有对象。

让椭圆选框工具被选中，让选区处于活动状态供下一个练习使用。

3.5.2 使用键盘快捷键移动选中的像素

下面使用键盘快捷键将选定像素移动到木板上。可使用键盘快捷键暂时从当前工具切换到移动工具，以免在工具面板中选择它。

1. 如果尚未选择那碟贝壳，请重复前面的步骤选择它。

2. 在选择了椭圆选框工具（⬭）的情况下，按住 Ctrl（Windows）或 Command（Mac OS）键并将鼠标指向选区，鼠标将包含一把剪刀（✂），这表明将从当前位置剪切选区。

3. 将整碟贝壳拖曳到木板上，使其与木板左上角重叠（稍后将使用另一种方法微调碟子，使其位于正确的位置），如图 3.8 所示。

图3.8

4. 松开鼠标但不要取消选择碟子。

注意：开始拖曳后就可以松开 Ctrl 或 Command 键，移动工具仍将处于活动状态。在选区外单击鼠标或使用"取消选择"命令取消选择后，Photoshop 将自动恢复到以前选择的工具。

3.5.3 用方向键进行移动

使用方向键可微调选定像素的位置，以每次 1 或 10 像素的步伐来移动椭圆。

当选取工具处于活动状态时，使用方向键可轻松地移动选区边界，但不会移动选区的内容。当移动工具处于活动状态时，使用方向键可同时移动选区的边界及其内容。

下面使用箭头键微移碟子。执行下面的操作前，确保在图像窗口中选择了碟子。

1. 按键盘中的向上方向键几次，将碟子向上移动。

每按一次方向键，碟子都将移动 1 像素。尝试按其他方向键，看看这将如何影响选区的位置。

2. 按住 Shift 键并按方向键，选区将以每次 10 像素的方式移动。

有时候，选区边界会妨碍调整。可暂时隐藏选区边界（而不取消选择），并在完成调整后再显示它。

3. 选择"视图">"显示">"选区边缘"或"视图">"显示额外内容"。

这将隐藏碟子周围的选区边界。

4. 使用方向键轻移碟子，直至将其移到所需的位置。然后选择"视图">"显示">"选区边缘"再次显示选区边界，如图 3.9 所示。

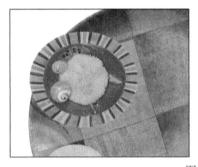 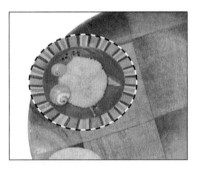

图3.9

5. 选择"选择">"取消选择"，也可按快捷键 Ctrl + D（Windows）或 Command + D（Mac OS），结果如图 3.10 所示。

6. 选择菜单"文件">"存储"将文件存盘。

3.5.4 从中心点开始选择

有些情况下，从中心点开始创建椭圆或矩形选区更容易。下面将使用这种方法来选择徽标。

1. 选择缩放工具（🔍），然后单击徽标将其放大到约 300%，确保能够在图像窗口中看到整个徽标。

2. 在工具面板中选择椭圆选框工具（○）。

3. 将鼠标指向徽标中央。

4. 单击鼠标并开始拖曳，然后在不松开鼠标的情况下按住 Alt（Windows）或 Option（Mac OS）键，并将选框拖曳到徽标边缘。

选区将以起点为中心。

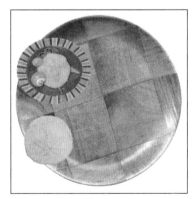

图3.10

5. 选择整个徽标后，先松开鼠标，再松开 Alt 或 Option 键（如果按住了 Shift 键，此时也松开它）。不要取消选择，因为下一节要使用它，如图 3.11 所示。

图3.11

6. 如果必要，使用前面介绍的方法之一调整选区的位置。如果不小心在松开鼠标前松开了 Alt 或 Option 键，可重新选择徽标。

3.5.5 移动和修改选区中的像素

下面将徽标移到木板右上角，然后修改其颜色以实现动人效果。

执行下面的操作前，确保徽标仍被选中。如果没有，按前一节介绍的步骤重新选择它。

1. 选择"视图">"按屏幕大小缩放"使整个图像刚好充满图像窗口。

2. 在工具面板中选择移动工具（▶₊）。

3. 将鼠标指向徽标内部，鼠标将变成带剪刀的箭头（▶✂），这表明此时拖曳选区将把它从当前位置剪掉并移到新位置。

4. 将徽标拖曳到木板右上方。如果停止拖曳后想调整其位置，只需再次拖曳即可。在整个过程中，徽标都始终被选中。

5. 选择"图像">"调整">"反相"。

徽标的颜色被反转，变成原图像的负片，如图 3.12 所示。

图3.12

6. 不要取消选择徽标。选择菜单"文件">"存储"保存所做的修改。

3.5.6 移动的同时进行复制

接下来在移动的同时复制选区。你将复制徽标。如果没有选择徽标，请使用前面介绍的方法重新选择它。

1. 在选择了移动工具（ ▸╋ ）的情况下，将鼠标指向选区内部并按住 Alt（Windows）或 Option（Mac OS）键，鼠标将变成双箭头，这表明此时移动选区将复制它。

2. 按住 Alt 或 Option 键，向右下方拖曳徽标的副本。可让徽标副本与原来的徽标部分重叠，然后松开鼠标和 Alt/Option 键，但不要取消选择徽标副本，如图 3.13 所示。

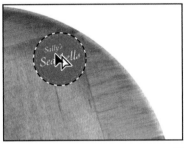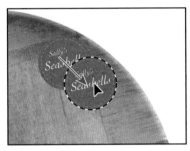

图3.13

3. 选择菜单"编辑">"变换">"缩放"，选区周围将出现定界框。

4. 按住 Shift 键，并拖曳角上的手柄将其放大 50% 左右。然后按回车键确认修改，变换定界框将消失，如图 3.14 所示。

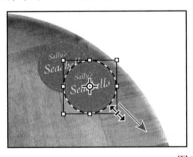

图3.14

调整对象的大小时，选框也将随之调整，而放大后的徽标副本仍被选中。调整选区大小时按住 Shift 键可确保长宽比不变，以免放大后的徽标扭曲失真。

5. 按住快捷键 Shift + Alt（Windows）或 Shift + Option（Mac OS），将第二个徽标向右下方拖曳，创建一个新副本。

移动选区时按住 Shift 键，可确保选区沿角度为 45° 整数倍的方向移动。

6. 对第三个徽标重复第 3 和第 4 步，使其大小为第一个的两倍左右。

Ps | 提示：选择菜单"编辑">"变换">"再次"可
复制徽标，并按最后一次的倍数放大。

图3.15

7. 对第三个徽标的大小和位置满意后，按回车键提交修改，
并选择菜单"选择">"取消选择"，结果如图 3.15 所示。
然后，选择菜单"文件">"存储"。

有关如何在变换中使用参考点的更详细信息，请参阅
Photoshop 帮助中的"设置或移动变换的参考点"。

复制选区

可以使用移动工具，通过拖曳选区在图像内部或图像之间复制它。也可以
使用命令"拷贝"、"合并拷贝"、"剪切"和"粘贴"命令来复制和移动选区。
使用移动工具拖曳不使用剪贴板，因此可节省内存。

Photoshop提供了多个复制和粘贴命令。

- "拷贝"命令复制活动图层上被选中的区域。
- "合并拷贝"建立选区中所有可见图层的合并副本。
- "粘贴"命令将剪切或复制的选区粘贴到当前图像的另一个地方，或将其作
为一个新图层粘贴到另一幅图像中。
- "贴入"命令将剪切或复制的选区粘贴到同一幅或另一幅图像中的另一个选区
中。源选区将粘贴到一个新图层中，而目标选区的边界将被转换为图层蒙版。

请记住，在分辨率不同的图像之间粘贴选区时，被粘贴数据的像素尺寸将保
持不变，这可能导致粘贴的部分与新图像不相称。因此在复制和粘贴之前，应使用
"图像大小"命令将源图象和目标图像的分辨率设置成相同。

3.6 使用魔棒工具

魔棒工具选择特定颜色或颜色范围的所有像素，它最适合用于选择被完全不同的颜色包围的
颜色相似的区域。和很多选取工具一样，创建初始选区后，用户可向选区中添加区域或将区域从
选区中减去。

"容差"选项设置魔棒工具的灵敏度，它指定了将选取的像素的类似程度，默认容差为32，这
将选择与指定值相差不超过32的颜色。用户可能需要根据图像的颜色范围和变化程度调整容差值。

如果要选择的区域包含多种颜色，而其背景是另一种颜色，则选择背景比选择该区域更容易。
下面使用矩形选框工具选择一个大型区域，然后使用魔棒工具将背景从选区中剔除。

1. 选择隐藏在椭圆选框工具（○）后面的矩形选框工具（▢）。
2. 绘制一个环绕珊瑚的选区。确保选区足够大，在珊瑚和选区边界之间留一些空白，如图 3.16 所示。

此时，珊瑚和白色背景都被选中了。下面从选区中减去白色背景，以便只选中珊瑚。

3. 选择隐藏在快速选择工具（✎）后面的魔棒工具（✨）。
4. 在选项栏中，确定"容差"为 32，这个值决定了魔棒选择的颜色范围。
5. 在选项栏中选择"从选区减去"（▣），鼠标将变成带减号的魔棒。这样，读者选择的所有区域都将从初始选区中减去。
6. 在选区内的白色背景上单击。

图3.16

魔棒工具将选择整个背景，并将其从选区中减去。这取消选择了所有白色像素，而只选择了珊瑚，如图 3.17 所示。

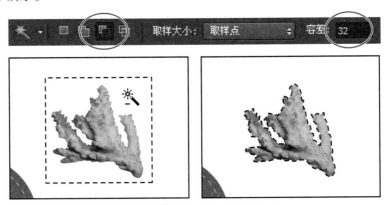

图3.17

7. 选择移动工具（➤+）并将珊瑚拖曳到木板中心的右上方，如图 3.18 所示。
8. 选择菜单"选择" > "取消选择"，然后保存所做的修改。

3.7 使用套索工具进行选择

图3.18

Photoshop 包括三种套索工具：套索工具、多边形套索工具和磁性套索工具。可使用套索工具选择需要通过手绘和直线选取的区域，并使用键盘快捷键在套索工具和多边形套索工具之间来回切换。下面使用套索工具来选择贴贝。使用套索工具需要一些实践，才能在直线和手动选择中自由切换。如果在选择贴贝时出错，只需取消选择并从头再来。

1. 选择缩放工具（🔍）并单击贴贝，直到将视图放大到100%，确保能够看到整个贴贝。

2. 选择套索工具（🔎）。从贻贝的左下角开始，绕贻贝的圆头拖曳鼠标，拖曳时尽可能贴近贻贝边缘。不要松开鼠标。

3. 按住 Alt（Windows）或 Option 键（Mac OS），然后松开鼠标，鼠标将变成多边形套索形状（🔺）。不要松开 Alt 或 Option 键。

4. 沿贻贝轮廓单击以放置锚点。在此过程中不要松开 Alt 或 Option 键，选区边界将橡皮筋一样沿锚点延伸，如图 3.19 所示。

 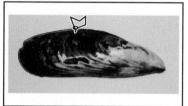

使用套索工具拖曳　　　　　　　　　　使用多边形套索工具单击

图3.19

5. 到达贻贝较小的一端后，松开 Alt 和 Option 键，但不要松开鼠标，鼠标将恢复为套索图标。

6. 沿贻贝较小的一端拖曳，不要松开鼠标。

7. 绕过贻贝较小的一端后，按住 Alt 或 Option 键，然后松开鼠标。与对贻贝较大一端所做的一样，使用多边形套索工具沿贻贝的下边缘不断单击，直到回到贻贝较大一端的起点。

8. 单击该起点，然后松开 Alt 或 Option 键。这样就选择了整个贻贝，如图 3.20 所示。不要取消选择贻贝，供下一个练习中使用。

图3.20

3.8 旋转选区

到目前为止，读者移动过选区、调整过选区的大小、复制过选区、将选区的颜色进行过反相处理。在本节中，读者将看到旋转选区有多容易。

执行下面的操作前，确保选择了贻贝。

1. 选择菜单"视图">"按屏幕大小缩放"，以调整图像窗口的大小使其适合屏幕。

2. 按住 Ctrl（Windows）或 Command 键（Mac OS），鼠标将变成移动工具图标，然后将贻贝拖曳到木板的底端，如图 3.21 所示。

图3.21

3. 选择“编辑”>“变换”>“旋转”，贻贝和选框周围将出现定界框。

4. 将鼠标指向定界框的外面，鼠标变成弯曲的双向箭头（ ↻ ）。通过拖曳将贻贝旋转 -15°（如图 3.22 所示），可通过选项栏中的“旋转”文本框核实旋转角度。按回车键提交变换。

5. 如果必要，选择移动工具（ ➤ ）并通过拖曳调整贻贝的位置。对结果满意后，选择菜单“选择”>“取消选择”，结果如图 3.23 所示。

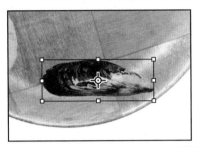 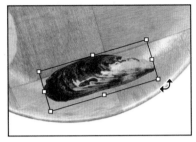 

图3.22　　　　　　　　　　　　　　　　　　　　　　　图3.23

6. 选择菜单“文件”>“存储”。

3.9　使用磁性套索工具进行选择

可使用磁性套索工具手工选择边缘反差强烈的区域。使用磁性套索工具绘制选区时，选区边界将自动与反差强烈的区域边界对齐。还可偶尔单击鼠标，在选区边界上设置锚点以控制选区边界。

下面使用磁性套索工具选择鹦鹉螺，以便将其移到木板中央。

1. 选择缩放工具（ 🔍 ）并单击鹦鹉螺，至少将其放大至 100%。

2. 选择隐藏在套索工具（ ◯ ）后面的磁性套索工具（ ⧉ ）。

3. 在鹦鹉螺左边缘单击，然后沿鹦鹉螺轮廓移动。

即使没有按下鼠标，磁性套索工具也会使选区边界与鹦鹉螺边缘对齐，并自动添加固定点，如图 3.24 所示。

图3.24

> **Ps**　提示：在反差不高的区域中，可单击鼠标在边界手工放置固定点。可添加任何数量的固定点；还可按 Del 键删除最近的固定点，然后将鼠标移到留下的固定点并继续选择。

4. 回到鹦鹉螺左侧后双击鼠标，让磁性套索工具回到起点，形成封闭选区，如图 3.25 所示；也将鼠标指向起点，再单击鼠标。

图3.25

5. 双击抓手工具（✋）使图像适合图像窗口。
6. 选择移动工具（⊹）并将鹦鹉螺拖曳到木板中央。
7. 选择菜单"选择">"取消选择"，再选择菜单"文件">"存储"。

将图像的不同部分分离到多幅图像中

　　要从一幅扫描图像快速创建多幅图像，可使用"裁剪并修齐照片"命令，它尤其适用于轮廓清晰、背景一致的图像，如03Start.psd。来尝试使用该命令：打开文件夹Lesson03中的03Start.psd；然后选择"文件">"自动">"裁剪并修齐照片"。Photoshop将自动裁剪该原始文件中的每幅图像，并分别为它们创建一个Photoshop文件，如图3.26所示。尝试完毕后，关闭每个文件而不存储它们。

原始图像　　　　　　　　　　　　结果

图3.26

3.10　裁剪图像和擦除选区中的像素

　　要完成合成工作，需要将图像裁剪到最终尺寸，并清除移动选区时残留的背景碎片。可以使用"裁剪"工具或"裁剪"命令来裁剪图像。

1. 选择裁剪工具（ ⊐ ）或按 C 键从当前工具切换到裁剪工具，Photoshop 将创建一个环绕整幅图像的裁剪框

2. 在选项栏中，从下拉列表中选择"不受约束"，再选中复选框"删除裁剪的像素"。选择了"不受约束"时，可以任何长宽比裁剪图像。

3. 拖曳裁剪手柄，让木盘位于图像中央，并将其他物体留下的位于木盘外的投影删除，如图 3.27 所示。

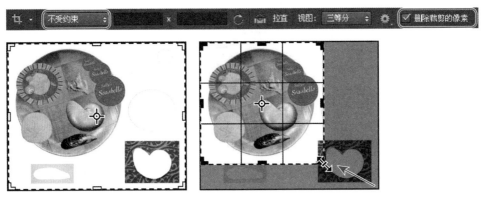

图3.27

4. 对裁剪框的位置和大小满意后，单击选项栏中的"提交当前裁剪操作"按钮（ ✓ ）。

裁剪后的图像可能包含选择并删除形状时留下的背景碎片。下面就来处理这个问题。

5. 如果拼贴画中包含背景碎片，可使用选框工具（ ⬚ ）或套索工具（ ◯ ）选择它。注意不要包含任何要保留的图像部分。

6. 在工具面板中选择橡皮擦工具（ ◢ ），然后确保工具面板中前景色和背景色为默认设置：前景色为黑色，背景色为白色。

7. 在选项栏中，打开弹出式画笔面板，将画笔大小设置为 80 像素，硬度设置为 100%。

8. 在要删除的区域拖曳。橡皮擦工具仅影响选区，因此删除起来很容易，如图 3.28 所示。

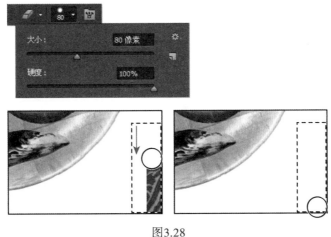

图3.28

9. 重复 5 ~ 8 步，删除所有不想要的背景碎片。
10. 选择"文件" > "存储"保存所做的工作，结果如图 3.29 所示。

图3.29

读者使用几种不同的选取工具将所有海贝壳放到了合适位置。至此，拼贴画便完成了！

柔化选区边缘

要使选区的硬边缘更光滑，可应用消除锯齿或羽化，也可使用"调整边缘"选项。

消除锯齿通过柔化边缘像素和背景像素之间的颜色过渡使锯齿边缘更光滑。由于只有边缘像素被修改，因此不会丢失细节。在剪切、复制和粘贴选区以创建合成图像时，消除锯齿功能很有用。

使用套索、多边形套索、磁性套索、椭圆选框和魔棒等工具时，都可以使用消除锯齿功能。选择这些工具后，将显示相应的选项栏。要使用消除锯齿功能，必须在使用这些工具前选中复选框"消除锯齿"；否则，创建选区后，不能再对其使用消除锯齿功能。

羽化通过在选区与其周边像素之前建立过渡边界来模糊边缘。这种模糊可能导致选区边缘的一些细节丢失。

使用选框和套索工具时可启用羽化，也可对已有的选区使用羽化功能。移动、剪切或复制选区时，羽化效果将极其明显。

建立选区后，可使用"调整边缘"命令对选区轮廓进行平滑、羽化、收缩或扩展。单击选项栏中的"调整边缘"可打开相应的对话框。

- 要使用消除锯齿功能，可选择套索工具、椭圆选框或魔棒工具，然后在选项栏中选中复选框"消除锯齿"。
- 要为选取工具定义羽化边缘，可选择任何套索或选框工具，然后在选项栏中输入一个羽化值。这个值指定了羽化后的边缘宽度，其取值范围为 1 ~ 250 像素。
- 要为已有的选区定义羽化边缘，选择菜单"选择" > "修改" > "羽化"，然后在"羽化半径"中输入一个值，并单击"确定"按钮。

复习

复习题

1. 创建选区后，可对图像的哪些地方进行编辑？
2. 如何将区域加入选区以及将区域从选区中减去？
3. 如何在创建选区的同时移动它？
4. 使用套索工具创建选区时，如何确保选区的形状满足要求？
5. 快速选择工具有何用途？
6. 魔棒工具如何确定选择图像的哪些区域？什么是容差？它对选区有何影响？

复习题答案

1. 只有选区内才能编辑。
2. 要将区域加入选区，可单击选项栏中的"添加到选区"按钮，然后单击要添加的区域；要将区域从选区中减去，可单击选项栏中的"从选区减去"按钮，然后单击要减去的区域。也可在单击或拖曳时按住 Shift 键将区域添加到选区中；在单击或拖曳时按住 Alt（Windows）或 Option（Mac OS）键将区域从选区中减去。
3. 在不松开鼠标的情况下按住空格键，然后通过拖曳来调整选区的位置。
4. 要确保选区的形状满足要求，拖曳鼠标穿过起点后再结束选择。如果起点和终点不重合，Photoshop 将在它们之间添加一条直线。
5. 快速选择工具从单击位置向外扩展，并自动查找和跟踪图像中定义的边缘。
6. 魔棒工具根据颜色的相似性来选择相邻的像素。容差设置决定了魔棒工具将选择的色调范围。容差设置越高，魔棒选择的色调越多。

第4课 图层基础

在本课中，读者将学习以下内容：

- 使用图层组织图稿；

- 创建、查看、隐藏和选择图层；

- 重新排列图层以修改图稿的堆叠顺序；

- 对图层应用混合模式；

- 调整图层的大小和旋转图层；

- 对图层应用渐变；

- 对图层应用滤镜；

- 在图层中添加文本和图层效果；

- 保存拼合图层后的文件副本。

本课需要的时间不超过1小时。如果还没有将文件夹 Lesson04 复制硬盘中，请现在就这样做。在学习过程中，请保留初始文件；如果需要恢复初始文件，只需从配套光盘再次复制即可。

　　在 Adobe Photoshop 中，可使用图
层将图像的不同部分分开。这样，每个
图层都可作为独立的图稿进行编辑，为
合成和修订图像提供了极大的灵活性。

4.1 图层简介

每个 Photoshop 文件包括一个或多个图层。新建的文件通常包含一个背景图层，其中能够透过后续图层的透明区域显示出来的颜色或图像。图像中的所有新图层都是透明的，直到加入文本或图稿（像素值）为止。

操作图层类似于排列多张透明胶片上的绘画部分，并通过投影仪查看它们。可对每张透明胶片编辑、删除和调整其位置，而不会影响其他的透明胶片。堆叠透明胶片后，整个合成图便显示出来了。

4.2 概 述

首先来查看最终合成的图像。

1. 启动 Photoshop，并立刻按 Ctrl + Alt + Shift（Windows）或 Command + Option + Shift 快捷键（Mac OS）以恢复默认首选项（参见前言中的"恢复默认首选项"）。
2. 出现提示对话框时，单击"是"按钮确认要删除 Adobe Photoshop 设置文件。
3. 单击 Mini Bridge 标签打开 Mini Bridge 面板；如果没有在后台运行 Bridge，单击"启动 Bridge"按钮。
4. 在 Mini Bridge 面板中，从左边的下拉列表中选择"收藏夹"。
5. 在收藏夹面板中，依次双击文件夹 Lessons 和 Lesson04。
6. 在内容面板中，选择文件 04End.psd，再按空格键在全屏模式下预览该图像，如图 4.1 所示。

这个包含多个图层的合成图是一张明信片。读者将制作该明信片，并在制作过程中学习如何创建、编辑和管理图层。

7. 再次按空格键返回到 Mini Bridge 面板，并双击文件 04Start.psd 在 Photoshop 中打开它。
8. 选择菜单"文件">"存储为"，将文件重命名为 04Working.psd，并单击"保存"按钮。如果出现"Photoshop 格式选项"对话框，单击"确定"按钮。

通过存储原始文件的复制，可随便对其进行修改，而不用担心覆盖原始文件。

4.3 使用图层面板

图层面板显示了图像中所有的图层，包括每个图层的名称以及图层中图像的缩略图。可以使用图层面板来隐藏、查看、删除、重命名和合并图层以及调整其位置。编辑图层时，图层缩略图将自动更新。

1. 如果图层面板不可见，请选择菜单"窗口">"图层"。

对于文件 04Working.psd，图层面板中列出了 5 个图层，从上到下依次为 Postage、HAWAII、Flower、Pineapple 和 Background 图层，如图 4.1 所示。

图4.1

2. 如果没有选择 Background 图层，选择它使其处于活动状态。请注意 Background 图层的缩略图及图标：

- 锁定图标（🔒）表示图层受到保护；
- 眼睛图标（👁）表示图层在图像窗口中可见。如果单击眼睛图标，图像窗口将不再显示该图层。

在这个项目中，第一项任务是在明信片中添加一张海滩照片。首先在 Photoshop 中打开该海滩照片。

 提示：可以使用上下文菜单隐藏图层缩览图或调整其大小。在图层面板中的缩览图上单击鼠标右键（Windows）或按住 Control 键并单击（Mac OS）以打开上下文菜单，然后选择一种缩览图尺寸。

3. 在 Mini Bridge 面板中，双击文件夹 Lesson04 中的文件 Beach.psd 在 Photoshop 中打开它，如图 4.2 所示。

图层面板将显示处于活动状态的文件 Beach.psd 的图层信息。图像 Beach.psd 只有一个图层：Layer 1 而不是"背景"。更详细的信息，请参阅下面的补充内容"背景图层"。

图4.2

背景图层

使用白色或彩色背景创建新图像时，图层面板中最底端的图层名为"背景"。每个图像只能有一个背景，用户不能修改背景图层的排列顺序、混合模式和不透明度，但可以将背景图层转换为常规图层。

创建包含透明内容的新图像时，该图像将没有背景图层。最下面的图层不像背景图层那样受到限制，用户可将它移动到图层面板中的任何位置，修改其不透明度和混合模式。

要将背景图层转换为常规图层，操作如下。

1. 在图层面板中双击"背景"图层或选择菜单"图层">"新建">"背景图层"。

2. 将图层重命名并设置其他图层选项。

3. 单击"确定"按钮。

要将常规图层转换为背景图层，具体操作如下。

1. 在图层面板中选择要转换的图层。

2. 选择菜单"图层">"新建">"图层背景"。

4.3.1 重命名和复制图层

要给图像添加内容并同时为其创建新图层，只需将对象或图层从一个文件拖曳到另一个文件的图像窗口中。无论从源文件的图像窗口还是图层面板中拖曳，都只会在目标文件中复制活动图层。

下面将图像 Beach.psd 拖曳到文件 04Working.psd 中。执行下面的操作前，确保打开了文件 04Working.psd 和 Beach.psd，且 Beach.psd 处于活动状态。

首先，将 Layer 1 重命名为更具描述性的名称。

1. 在图层面板中双击名称 Layer 1，输入 Beach 并按回车键，如图 4.3 所示。保持选中该图层。

2. 选择菜单"窗口">"排列">"双联垂直"，Photoshop 将同时显示两幅打开的图像文件。选择 Beach.psd 图像让其处于活动状态。

图4.3

3. 选择移动工具（），再将 Beach.psd 图像拖曳到 04Working.psd 所在的图像窗口，如图 4.4 所示。

> **Ps** | **提示**：将图像从一个文件拖曳到另一个文件时，如果按住 Shift 键，拖入的图像将自动位于目标图像窗口的中央。

图层 Beach 出现在 04Working.psd 的图像窗口中；同时，在图层面板中，该图层位于图层 Background 和 Pineapple 之间，如图 4.5 所示。Photoshop 总是将新图层添加到选定图层的上方，而读者在前面选择了图层 Background。

图4.4

图4.5

4. 关闭文件 Beach.psd 但不保存对其所做的修改。

5. 双击 Mini Bridge 标签关闭该面板。

4.3.2　查看图层

文件 04Working.psd 现在包含 6 个图层，其
中有些是可见的，而其他图层被隐藏。在图层面
板中，图层缩览图左边的眼睛图标（●）表明图
层可见。

1. 单击 Pineapple 图层左边的眼睛图标（●）
   将该图层隐藏，如图 4.6 所示。

通过单击眼睛图标或在其方框（也称为显示 /
隐藏栏）内单击，可隐藏或显示相应的图层。

2. 再次单击 Pineapple 图层的显示 / 隐藏栏
   以重新显示它。

图4.6

4.3.3　给图层添加边框

接下来读者将为 Beach 图层添加一个白色边
框，以创建照片效果。

1. 选择 Beach 图层（要选择该图层，在图
   层面板中单击其图层名即可）。

该图层将呈高亮显示，表明它处于活动状态。
在图像窗口中所做的修改只影响活动图层。

2. 为使该图层的不透明区域更明显，按住
   Alt（Windows）或 Option（Mac OS）键
   并单击 Beach 图层左边的眼睛图标（●
   ），这将隐藏除 Beach 图层外的所有图
   层，如图 4.7 所示。

图4.7

图像中的白色背景和其他东西不见了，海滩图像出现在棋盘背景上。棋盘指出了活动图层的
透明区域。

3. 选择菜单"图层" > "图层样式" > "描边"。

这将打开"图层样式"对话框。下面为海滩图像周围的白色描边设置选项。

4. 指定以下设置，如图 4.8 所示。

- 大小：5 像素。
- 位置：内部。
- 混合模式：正常。
- 不透明度：100%。
- 颜色：白色（单击颜色色板，并从拾色器中选择白色）。

5. 单击"确定"按钮，海滩图像的四周将出现白色边框，如图 4.9 所示。

图4.8 图4.9

4.4 重新排列图层

图像中图层的排列顺序被称为堆叠顺序。堆叠顺序决定了将如何查看图像,可以修改堆叠顺序,让图像的某些部分出现在其他图层的前面或后面。

下面重新排列图层,让海滩图像出现在文件中当前被隐藏的另一个图像前面。

1. 通过单击图层名左边的显示/隐藏栏,让图层 Postage、HAWAII、Flower、Pineapple 和 Background 可见,结果如图 4.10 所示。海滩图像几乎被其他图层中的图像遮住了。

2. 在图层面板中,将 Beach 图层向上拖到图层 Pineapple 和 Flower 之间(此时这两个图层之间将出现一条较粗的分隔线),然后松开鼠标,如图 4.11 所示。

图4.10 图4.11

Beach 图层沿堆叠顺序向上移动了一级,位于菠萝和背景图像上面,但在花朵和"HAWAII"下面。

提示:也可这样控制图像中图层的排列顺序:在图层面板中选择图层,然后选择菜单"图层">"排列"中的子命令"置为顶层"、"前移一层"、"后移一层"或"置为底层"。

4.4.1 修改图层的不透明度

可降低任何图层的不透明度，使其他图层能够透过它显示出来。在这个图像中，花朵上的邮戳太深了。下面编辑图层 Postage 的不透明度，让花朵和其他图像透过它显示出来。

1. 选择 Postage 图层，然后单击"不透明度"文本框旁边的箭头以显示不透明度滑块，将滑块拖曳到 25%，如图 4.12 所示。也可在"不透明度"文本框中直接输入数值或在"不透明度"标签上拖曳鼠标。

图4.12

Postage 图层将变成半透明的，可看到它下面的其他图层。注意，对不透明度所做的修改只影响 Postage 图层的图像区域，图层 Pineapple、Beach、Flower 和 HAWAII 仍是不透明的。

2. 选择菜单"文件">"存储"保存所做的修改。

4.4.2 复制图层和修改混合模式

可对图层应用各种混合模式。混合模式影响图像中一个图层的颜色像素与它下面图层中的像素的混合方式。首先，将使用混合模式提高图层 Pineapple 中的图像的亮度，使其看上去更生动；然后修改 Postage 图层的混合模式。当前，这两个图层的混合模式都是"正常"。

1. 单击图层 HAWAII、Flower 和 Beach 左边的眼睛图标，以隐藏这些图层。

2. 在 Pineapple 图层上单击鼠标右键或按住 Control 键并单击，然后从上下文菜单中选择"复制图层"，如图 4.13 所示。确保单击的是图层名称而不是缩览图，否则将打开错误的上下文菜单。在"复制图层"对话框中，单击"确定"按钮。

图4.13

在图层面板中，一个名为"Pineapple 副本"的图层出现在 Pineapple 图层的上面。

混合效果

以不同的顺序或编组混合图层时，得到的效果将不同。将混合模式应用于图层组时，效果与将该模式应用于各个图层截然不同，如图4.14所示。将混合模式应用于图层组时，Photoshop将整个图层组视为单个拼合对象，并应用混合模式。你可尝试使用不同的混合模式，以获得所需的效果。

图4.14

3. 在图层面板中，在选择了图层"Pineapple 副本"的情况下，从"混合模式"下拉列表中选择"叠加"。

混合模式"叠加"将图层"Pineapple 副本"与它下面的 Pineapple 图层混合，让菠萝更鲜艳、更丰富多彩且阴影更深、高光更亮，如图 4.15 所示。

4. 选择 Postage 图层，并从"混合模式"下拉列表中选择"正片叠底"。混合模式"正片叠底"将上面的图层颜色与下面的图层颜色相乘。在这个图像中，邮戳将变得更明显，如图 4.16 所示。

图4.15   图4.16

5. 选择菜单"文件">"存储"保存所做的修改。

Ps | **提示**：有关混合模式（包括定义和示例）的更详细信息，请参阅 Photoshop 帮助。

4.4.3 调整图层的大小和旋转图层

可调整图层的大小及对其进行变换。

1. 单击 Beach 图层左边的显示 / 隐藏栏，使该图层可见。

2. 在图层面板中选择 Beach 图层，然后选择菜单"编辑">"自由变换"。在海滩图像的四周将出现变换定界框，其每个角和每条边上都有手柄。

首先，调整图层的大小和方向。

3. 向内拖曳角上的手柄并按住 Shift 键，将海滩图像缩小到大约 50%（请注意选项栏中的宽度和高度百分比）。

4. 然后，在定界框仍处于活动状态的情况下，将鼠标指向角上手柄的外面，等鼠标变成弯曲的双箭头后沿顺时针方向拖曳鼠标，将海滩图像旋转 15°。也可在选项栏中的"旋转"文本框中输入 15，如图 4.17 所示。

5. 单击选项栏中的"提交"按钮（✔）。

6. 使 Flower 图层可见。选择移动工具（ ），再拖曳海滩图像，使其一角隐藏在花朵的下面，如图 4.18 所示。

图4.17　　　　　　　　　　　　　　　　　　　　图4.18

7. 选择菜单"文件">"存储"。

4.4.4 使用滤镜创建图稿

接下来，读者将创建一个空白图层（在文件中添加空白图层相当于向一叠图像中添加一张空白醋酸纸），然后使用一种 Photoshop 滤镜在该新图层中添加逼真的云彩。

1. 在图层面板中，选择 Background 图层使其处于活动状态，然后单击图层面板底部的"创建新图层"按钮（🖬）。

在图层 Background 和 Pineapple 之间将出现一个名为"图层 1"的新图层，该图层没有任何内容，因此对图像窗口没有影响。如图 4.19 所示。

图4.19

> **Ps** **注意**：也可选择菜单"图层" > "新建" > "图层"或从图层面板菜单中选择"新建图层"来创建新图层。

2. 双击名称"图层 1"，输入 Clouds，再按回车键将图层重命名。
3. 在工具面板中，单击前景色色板，并从"拾色器（前景色）"中选择一种天蓝色，再单击"确定"按钮。这里使用的颜色值为 R=48、G=138、B=174。保持背景色为白色，如图 4.20 所示。

4. 在图层 Clouds 处于活动状态的情况下，选择菜单"滤镜" > "渲染" > "云彩"。逼真的云彩出现在图像后面，如图 4.21 所示。
5. 选择菜单"文件" > "存储"。　图4.20　　　　　　图4.21

4.4.5　通过拖曳添加图层

可这样将图层添加到图像中：从桌面、Bridge、资源管理器（Windows）或 Finder（Mas OS）拖曳图像文件到图像窗口中。下面的明信片中再添加一朵花。

1. 如果 Photoshop 窗口充满了整个屏幕，请将其缩小。
- 在 Windows 中，单击窗口右上角的"最大化/恢复"按钮（ ），然后拖曳 Photoshop 窗口的右下角将该窗口缩小。
- 在 Mac OS 中，单击图像窗口左上角绿色的"最大化/恢复"按钮（ ）。
2. 在 Photoshop 中，选择图层面板中的图层"Pineapple 副本"。
3. 在资源管理器（Windows）或 Finder（Mac OS）中，切换到从配套光盘复制到硬盘的文件夹 Lessons，再切换到文件夹 Lesson04。

4. 选择文件 Flower2.psd，并将其从资源管理器或 Finder 拖放到图像窗口中，如图 4.22 所示。

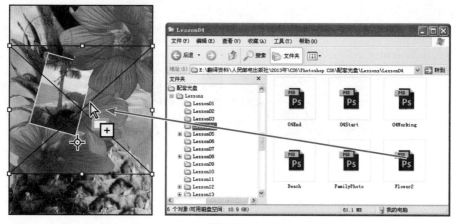

图4.22

图层 Flower2 将出现在图层面板中，并位于图层 "Pineapple 副本" 的上方。Photoshop 将该图层作为智能对象加入，用户对这样的图层进行编辑时，修改不是永久性的。在第 5 课和第 8 课中，读者将使用智能对象。

5. 将图层 Flower2 放到明信片的左下角，使得只有一半花朵可见，如图 4.23 所示。

6. 单击选项栏中的"变换"按钮（✔）接受该图层。

图4.23

4.4.6　添加文本

现在可以使用横排文字工具来创建一些文字了，该工具将文本在放在独立的文字图层中。然后读者将编辑文本，并将特效应用于该图层。

1. 使图层 HAWAII 可见。接下来在该图层下面添加文本，并对这两个图层都应用特效。

2. 选择菜单"选择">"取消选择图层"，以便不选中任何图层。

3. 单击工具面板中的前景色色板，并从"拾色器（前景色）"中选择一种草绿色，然后单击"确定"按钮关闭"拾色器（前景色）"。

4. 在工具面板中，选择横排文字工具（T.），然后选择菜单"窗口">"字符"打开字符面板。在字符面板中做如下设置（如图 4.24 所示）。

图4.24

- 选择一种衬线字体（这里使用 Birch Std）。
- 选择字体样式（这里使用 Regular）。
- 选择较大的字号（这里使用 36 点）。
- 从"消除锯齿"下拉列表（**aa**）中选择"锐利"。
- 从"字距调整"下拉列表中选择较大的字距（这里使用 250）。
- 单击按钮"全部大写字母"（**TT**）。
- 单击按钮"仿粗体"（**T**）。

5. 在单词 HAWAII 中的字母 H 的下面单击，并输入 Island Paradise，然后单击选项栏中的"提交所有当前编辑"按钮（✔）。

Ps 注意：如果单击位置不正确，只需在文字外面单击，然后重复第 5 步。

现在，图层面板中包含一个名为 Island Paradise 的图层，其缩览图图标为 T，这表明它是一个文字图层。该图层位于图层栈的最上面，如图 4.25 所示。

文本出现在单击鼠标的位置，这可能不是读者希望的位置。

6. 选择移动工具（▶+），拖曳文本 Island Paradise，使其与 HAWAII 居中对齐，如图 4.26 所示。

图4.25 图4.26

4.5 对图层应用渐变

可对整个图层或其一部分应用颜色渐变。在本节中，读者将给文字 HAWAII 应用渐变，使其更多姿多彩。首先，选择这些字母，然后应用渐变。

1. 在图层面板中，选择 HAWAII 图层使其处于活动状态。

2. 在 HAWAII 图层的缩览图上单击鼠标右键或按住 Control 键并单击，再从上下文菜单中选择"选择像素"。这将选择 HAWAII 图层的所有内容（白色字母），如图 4.27 所示。

图4.27

选择要填充的区域后，下面来应用渐变。

3. 在工具面板中选择渐变工具（▇）。

4. 单击工具面板中的前景色色板，再从"拾色器（前景色）"中选择一种亮橙色，然后单击
   "确定"按钮。背景色应还是白色。

5. 在选项栏中，确保按下了"线性渐变"按钮（▇）。

6. 在选项栏中，单击渐变编辑器旁边的箭头打开渐变选择器，再选择色板"前景色到背景
   色"（第一个），然后在渐变选择器
   外面单击以关闭它。

7. 在选区仍处于活动状态的情况下，
   从字母底部向顶部拖曳鼠标，如图
   4.28 所示。要垂直或水平拖曳，可
   在拖曳时按住 Shift 键。

图4.28

 提示：可以名称而不是样本方式列出渐变。为此，只需单击渐变选择器中的面板
菜单按钮，并选择"小列表"或"大列表"。也可将鼠标指向缩览图直到出现工具
提示，它指出了渐变名称。

渐变将覆盖文字，从底部的橙色开始，逐渐变为顶部的白色。

8. 选择菜单"选择">"取消选择"，以取消选择文字 HAWAII。

9. 保存所做的修改。

4.6 应用图层样式

可以添加自动和可编辑的图层样式集中的"阴影"、"描边"、"光泽"或其他特效来改善图层。
很容易将这些样式应用于指定图层，并同它直接关联起来。

和图层一样，也可在图层面板中单击眼睛（👁）图标将图层样式隐藏起来。图层样式是非破坏
性的，可随时编辑它们或将其删除。可将效果拖曳到目标图层上，从而将图层样式应用于其他图层。

读者在前面使用了一种图层样式给海滩图像添加边框，下面给文本添加"投影"以突出文字。

1. 选择图层 Island Paradise，然后选择菜单"图层">"图层样式">"投影"。

提示：也可单击图层面板底部的"添加图层样式"按钮（*fx*），然后从下拉列表
中选择一种图层样式（如"斜面和浮雕"）来打开"图层样式"对话框。

2. 在"图层样式"对话框中，确保选中了复选框"预览"。如果必要，将对话框移到一边，
   以便能够看到图像窗口中的文本 Island Paradise。

3. 在对话框的"结构"部分，确保选中了复选框"使用全局光"，然后指定如下设置（如图
   4.29 所示）。

• 混合模式：正片叠底。

- 不透明度：75%。
- 角度：78 度。
- 距离：5 像素。
- 扩展：30%。
- 大小：10 像素。

Photoshop 将给图像中的文本 Island Paradise 添加投影。

4. 单击"确定"按钮让设置生效并关闭"图层样式"对话框，结果如图 4.30 所示。

图4.29

图4.30

Photoshop 在图层 Island Paradise 中嵌套了该图层样式。首先，列出了"效果"，然后将这种图层样式应用于该图层。在字样"效果"及每种效果旁边都有一个眼睛图标（![eye]）。要隐藏一种效果，只需单击其眼睛图标，再次单击可视性栏可恢复效果；要隐藏所有图层样式，可单击"效果"旁边的眼睛图标；要折叠效果列表，可单击图层缩览图右边的箭头。

5. 执行下面的操作前，确保图层 Island Paradise 下面嵌套的两项内容左边都有眼睛图标。

6. 按住 Alt（Windows）或 Option 键（Mac OS）并将"效果"拖曳到图层 HAWAII 中。投影（与图层 Island Paradise 使用的设置相同）将被应用于图层 HAWAII，如图 4.31 所示。

图4.31

下面在单词 HAWAII 周围添加绿色描边。

7. 在图层面板中，选择图层 HAWAII，然后单击图层面板底部的"添加图层样式"按钮（![fx]），并从下拉列表中选择"描边"。

8. 在"图层样式"对话框的"结构"部分，指定如下设置（如图 4.33 所示）。

- 大小：4 像素。
- 位置：外部。
- 混合模式：正常。
- 不透明度：100%。
- 颜色：绿色（选择一种与文本 Island Paradise 的颜色匹配的颜色）。

图4.32

9. 单击"确定"按钮应用描边，结果如图 4.33 所示。

下面给花朵添加投影和光泽。

10. 选择图层 Flower，再选择菜单"图层">"图层样式">"投影"。在"图层样式"对话框的"结构"部分指定如下设置。

* 不透明度：60%。

* 距离：13 像素。

* 扩展：9%。

* 确保选中了复选框"使用全局光"，并从"混合模式"下拉列表中选择了"正片叠底"，如图 4.34 所示。现在不要单击"确定"按钮。

图4.33

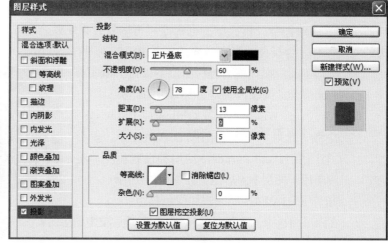

图4.34

11. 在仍打开的"图层样式"对话框中，选择左边的"光泽"。确保选中了复选框"反相"，并应用如下设置（如图 4.36 所示）。

* 颜色（混合模式旁边）：紫红色（选择花朵颜色的补色）。

* 不透明度：20%。

* 距离：22 像素。

12. 单击"确定"按钮应用这两种图层样式，结果如图 4.36 所示。

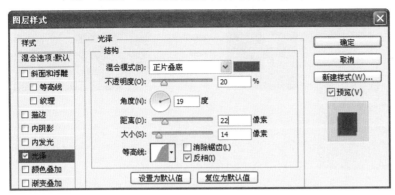

图4.35

图4.36

4.7 添加调整图层

可在图像中添加调整图层，以应用颜色和色调调整，而不永久性修改图像的像素。例如，在图像中添加色彩平衡调整图层后，就可反复尝试不同的颜色，因为修改是在调整图层中进行的。如果要恢复到原来的像素值，只需隐藏或删除该调整图层。

你在本书前面使用过调整图层。这里将添加一个色相 / 饱和度调整图层，以修改紫色花朵的颜色。除非创建调整图层时有活动选区或创建一个剪贴蒙版，否则调整图层将影响它下面的所有图层。

1. 在图层面板中，选择图层 Flower2。

2. 单击调整面板中的"色相 / 饱和度"
图标，以添加一个色相 / 饱和度调整
图层，如图 4.37 所示。

图4.37

3. 在属性面板中做如下设置（如图 4.38
所示）。

- 色相：43。
- 饱和度：19。
- 明度：0。

图层 Flower2、Pineapple 副本、Pineapple、Clouds 和 Background 都受此影响。这种效果很有趣，但你只想修改图层 Flower2。

4. 在图层面板中的色相 / 饱和度调整图层上单击鼠标邮件（Windows）或按住 Control 键并单击（Mac OS），再选择"创建剪贴蒙版"。

在图层面板中，该调整图层左边将出现一个箭头，这表明它只影响图层 Flower2，如图 4.39 所示。第 6 课和第 7 课将更详细地介绍剪贴蒙版。

图4.38

图4.39

4.8 更新图层效果

用户修改图层时，图层效果将自动更新。读者可编辑文字，将发现图层效果将相应地更新。下面首先使用 Photoshop CS6 新增的搜索功能，在图层面板中查找文字图层。

1. 在图层面板中，从"选择筛选类型"下拉列表中选择"类型"。筛选类型决定了有哪些搜索选项可用。

2. 在图层面板顶部的筛选选项栏中，单击"文字图层"按钮。

图层面板只显示了图层 Island Paradise，如图 4.40 所示。搜索功能让你能够快速查找特定图层，而不影响图层的可见性和堆叠顺序。

图4.40

> **Ps** **提示：** 在图层面板中，可按图层类型、图层名称、效果、模式、属性和颜色搜索图层。处理的图像非常复杂，包含大量图层时，搜索需要的图层可节省时间。

3. 在图层面板中，选择图层 Island Paradise。

4. 在工具面板中，选择横排文字工具（**T.**）。

5. 在选项栏中，将字体大小设置为 32 点并按回车键。

尽管没有像在字处理程序中那样通过拖曳鼠标选中文本，但 Island Paradise 的字体大小变成了 32 点。

6. 使用鼠标在单词 Island 和 Paradise 之间单击，再输入单词 of。当你编辑文本时，图层样式将应用于新文本。

7. 实际上并不需要添加单词 of，因此将它删除。

8. 选择移动工具（），将 Island Paradise 拖曳到单词 HAWAII 下面并与之居中对齐，结果如图 4.41 所示。

图4.41

> **Ps** **注意：** 进行文本编辑后，无需单击"提交所有当前编辑"按钮，因为选择移动工具具有相同的效果。

9. 单击图层面板右上角的"开/关筛选"按钮关闭筛选，以便能够看到所有图层，如图 4.42 所示。

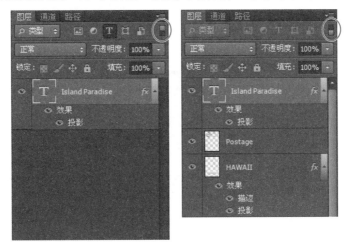

图4.42

10. 选择"文件">"存储"。

4.9　添加边框

这张明信片差不多做好了。已正确地排列了合成图像中的元素，最后需要完成的工作是，调整邮戳的位置并给明信片添加白色边框。

1. 选择图层 Postage，然后使用移动工具（▶+）将其拖曳到图像正中央。
2. 在图层面板中，选择图层 Island Paradise，然后单击图层面板底部的"创建新图层"按钮（▣）。
3. 选择菜单"选择">"全部"。
4. 选择菜单"选择">"修改">"边界"。在"边界选区"对话框中，在"宽度"文本框中输入 10，然后单击"确定"按钮。在整幅图像四周选择了 10 像素的边界，下面使用白色填充它。
5. 将前景色设置为白色，再选择菜单"编辑">"填充"。
6. 在"填充"对话框中，从"使用"下拉列表中选择"前景色"，再单击"确定"按钮，如图 4.43 所示。

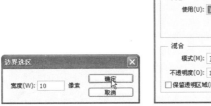

图4.43

7. 选择菜单"选择">"取消选择"。

8. 在图层面板中，双击图层名"图层 1"，并将该图层重命名为 Border，如图 4.44 所示。

图4.44

4.10 拼合并保存文件

编辑好图像中的所有图层后，便可合并（拼合）图层以缩小文件。拼合将所有的图层合并为背景；然而，拼合图层后将不能再编辑它们，因此应在确信对所有设计决定都感到满意后，才对图像进行拼合。相对于拼合原始 PSD 文件，一种更好的方法是存储包含所有图层的文件副本，以防以后需要编辑某个图层。

为了解拼合的效果，请注意图像窗口底部的状态栏有两个表示文件大小的数字，如图 4.45 所示。

图4.45

> **Ps** **注意**：如果状态栏中没有显示文件大小，可单击状态栏中的箭头并选择"文档大小"。

第一个数字表示拼合图像后文件的大小，第二个数字表示未拼合时文件的大小。就本课的文件而言，拼合后约为 2.29MB，而当前的文件要大得多（约为 27MB），因此就本例而言，拼合是非常值得的。

1. 选择除文字工具（ **T** ）外的任何工具，以确保不再处于文本编辑模式。然后，选择"文件">"存储"保存所做的所有修改。

2. 选择"图像">"复制"。

3. 在"复制图像"对话框中将文件命名为 04Flat.psd，然后单击"确定"按钮。

4. 关闭 04Working.psd，但让 04Flat.psd 打开。

5. 从图层面板菜单中选择"拼合图像"，如图 4.46 所示。

图4.46

图层面板中将只剩下一个名为"背景"的图层。

6. 选择菜单"文件">"存储"。虽然选择的是"存储"而不是"存储为",但仍将打开"存储为"对话框。

7. 确保位置为文件夹 Lessons\Lesson04,然后单击"保存"按钮接受默认设置并保存拼合后的文件。

读者存储了文件的两个版本:只有一个图层的拼合版本及包含所有图层的原始文件。

 提示:如果只想拼合文件中的部分图层,可单击眼睛图标隐藏不想拼合的图层,然后从图层面板菜单中选择"合并可见图层"。

图层复合

图层复合让用户只需单击鼠标就可在多图层图像文件的不同版本之间切换。图层复合只不过是图层面板中设置的一种定义。定义图层复合后,可根据需要对图层面板中的设置做任何修改,然后创建另一个图层复合以保留图层属性的配置。然后,通过从一个图层复合切换到另一个,可以快速地查看两种设计。在需要演示多种可能的设计方案时,图层复合的优点便将显现出来。通过创建多个图层复合,无须不厌其烦地在图层面板中选择眼睛图标、取消对眼睛图标的选择以及修改设置,就可以查看不同的设计方案。

例如,假设要设计一个小册子,它包括英文版和法文版。用户可能将法文文本放在一个图层中,而将英文文本放在同一个图像文件中的另一个图层中。为创建两个不同的图层复合,只需显示法文图层并隐藏英文图层,再单击图层复合面板中的"创建新的图层复合"按钮;然后,执行相反的操作——显示英文图层并隐藏法文图层,并单击"创建新的图层复合"按钮,以创建一个英文图层复合。

要查看不同的图层复合,只需依次单击每个图层复合左边的"图层复合"框。只需稍微想象一下,便能知道对于更复杂的设计方案,这种功能可节省多少时间。在设计方案不断变化或需要创建同一个图像文件的多个版本时,图层复合将是一种非常有用的功能。

你已经创建了一个色彩丰富、引人入胜的明信片。本课只初步介绍了读者掌握 Photoshop 图层使用技巧后可获得的大量可能性和灵活性中的很少一部分。在阅读本书时,几乎在每个课程中,读者都将获得更多的经验,并尝试使用各种不同的图层使用技巧。

使用"自动对齐图层"功能修复合家欢照片

下面使用"自动对齐图层"功能修复眨眼和没有看镜头的人像。

1. 打开文件夹 Lesson04 中的文件 FamilyPhoto.psd。

2. 在图层面板中,在显示和隐藏图层 Layer 2 之间切换,将发现这两张照片很像。当两个图层都可见时,将发现在图层 Layer 2 中,中间的老人眨眼了,而左下角的两个女孩没有看镜头,如图 4.47 所示。

下面对齐这两张照片,然后使用橡皮擦工具删除图层Layer 2中要改进的部分。

图4.47

3. 让两个图层都可见,然后通过按住 Shift 键并单击选择这两个图层。选择菜单"编辑">"自动对齐图层",单击"确定"按钮接受默认的"自动"对齐方式,如图 4.48 所示。现在通过单击眼睛图标在显示和隐藏图层 Layer 2 之间切换,将发现图层准确地对齐了。

图4.48

接下来是最有趣的部分!读者将删除图层Layer 2中要改进的部分。

4. 从工具面板中选择橡皮擦工具,并从选项栏中选择 45 像素的柔角画笔。选择图层 Layer 2,在眨眼的老人头部绘画,以显出图层 Layer 1 中的笑脸,如图 4.49 所示。

图4.49

5. 使用橡皮擦工具，在没有看镜头的两个女孩上绘画，直到显露出图层 Layer 1 中看镜头的部分。结果如图 4.59 所示。

图4.50

这就创建了一张自然的合家欢照片。

复习

复习题

1. 使用图层有何优点？
2. 创建新图层时，它将出现在图层堆栈的什么位置？
3. 如何使一个图层中的图稿出现在另一个图层前面？
4. 如何应用图层样式？
5. 处理好图稿后，如何在不改变图像质量和尺寸的情况下缩小文件？

复习题答案

1. 图层让用户能够将图像的不同部分作为独立的对象进行移动和编辑。处理某个图层时，也可以隐藏不想看到的图层。
2. 新图层总是出现在活动图层的上面。
3. 可以在图层面板中向上或向下拖动图层，也可以使用菜单"图层">"排列"中的下述子命令："置为顶层"、"前移一层"、"后移一层"和"置为底层"。然而，你不能调整背景图层的位置。
4. 选择要添加图层样式的图层，再单击图层面板中的"添加图层样式"按钮，也可选择菜单"图层">"图层样式">"[样式]"。
5. 可以拼合图像，将所有图层合并成一个背景图层。合并图层前，最好复制包含所有图层的图像文件，以防以后需要修改图层。

第5课 校正和改善数字照片

在本课中，读者将学习以下内容：

- 处理专用的相机原始数据图像并保存所做的调整；

- 对数字照片执行典型的校正，包括消除红眼和杂色以及突出阴影和高光细节；

- 对图像应用光学镜头校正；

- 对齐并混合两幅图像以增大景深；

- 采用组织、管理和保存图像的最佳实践；

- 通过合并曝光不同的图像创建高动态范围（HDR）图像。

 本课需要大约 1.5 小时。如果还没有将文件夹 Lesson05 复制到硬盘中，请现在就这样做。在学习过程中，请保留初始文件；如果需要恢复初始文件，只需从配套光盘中再次复制它们即可。

　　无论是为客户或项目收集的数字图
像还是个人的数码照片影集，要对其进
行改进并存档，都可使用 Photoshop 中
的各种工具导入、编辑和存档。

5.1　概　述

在本课中，读者将使用 Photoshop 和（随 Photoshop 安装的）Adobe Camera Raw 处理多幅数字图像。你将使用很多方法来修饰和校正数码照片。首先在 Adobe Bridge 中查看处理前和处理后的图像。

1. 启动 Photoshop 并立刻按 Ctrl + Alt + Shift（Windows）或 Command + Option + Shift 快捷键（Mac OS）以恢复默认首选项（参见前言中的"恢复默认首选项"）。

2. 出现提示对话框时，单击"是"按钮确认删除 Adobe Photoshop 设置文件。

3. 选择菜单"文件">"在 Bridge 中浏览"启动 Adobe Bridge。

4. 在 Bridge 的收藏夹面板中，单击文件夹 Lessons，再双击内容面板中的文件夹 Lesson05 打开它。

5. 如果必要的话，调整缩览图滑块以便能够清楚地查看缩览图；然后找到文件 05A_Start.crw 和 05A_End.psd，如图 5.1 所示。

05A_Start.crw　　　　05A_End.psd

图5.1

原始照片是一个西班牙风格的教堂，它是一个相机原始数据文件，因此文件扩展名不像本书通常那样为 .psd。这幅照片是使用 Canon Digital Rebel 相机拍摄的，扩展名为佳能专用的原始文件扩展名 .crw。你将对这幅专用相机原始数据图像进行处理，使其更亮、更锐利、更清晰，然后将其存储为 JPEG 文件和 PSD 文件，其中前者是用于 Web 的，而后者让你能够在 Photoshop 中做进一步处理。

6. 比较 05B_Start.psd 和 05B_End.psd 的缩览图，如图 5.2 所示。

你将在 Photoshop 中执行颜色校正和图像改进，以获得最终的结果。

7. 查看文件 05C_Start.psd 和 05C_End.psd 的缩览图，如图 5.3 所示。

05B_Start.psd　　　　05B_End.psd　　　　05C_Start.psd　　　　05C_End.psd

图5.2　　　　　　　　　　　　　图5.3

你将对这张女孩站在沙滩上的肖像照片进行多项校正，其中包括突出阴影和高光的细节、消除红眼和锐化图像。

8. 查看文件 05D_Start.psd 和 05D_End.psd 的缩览图，如图 5.4 所示。

原始图像是扭曲的，其中的圆柱是弓形的，你将校正该图像的桶形扭曲。

9. 查看文件 05E_Start.psd 和 05E_End.psd 的缩览图，如图 5.5 所示。

05D_Start.psd   05D_End.psd   05E_Start.psd   05E_End.psd
图5.4   图5.5

原始图像包含两个图层，在一个图层中只有沙滩是清晰的，而在另一个图层中只有杯子是清晰的。让这两者都很清晰，以增大景深。你还将添加一些木桩，并对玻璃杯应用光圈模糊。

5.2 相机原始数据文件

相机原始数据文件包含数码相机图像传感器中未经处理的图片数据。很多数码相机都能够使用相机原始数据格式存储图像文件。相机原始数据文件的优点是，让摄影师（而不是相机）对图像数据进行解释并进行调整和转换；而使用 JPEG 格式拍摄时，将由相机自动进行处理。使用相机原始数据格式拍摄时，由于相机不进行任何图像处理，因此用户可使用 Adobe Camera Raw 设置白平衡、色调范围、对比度、色彩饱和度及锐化度。可将相机原始数据文件看作是负片，可随时对其重新冲印以获得所需的结果。

要创建相机原始数据文件，需要将相机设置为使用其原始数据文件格式（可能是专用的）存储文件。从相机下载相机原始数据文件时，其文件扩展名为诸如 .nef（尼康）或 .crw（佳能）等。在 Bridge 或 Photoshop 中，可处理来自支持的相机（佳能、柯达、莱卡、尼康及其他厂商的相机）的相机原始数据文件，还可同时处理多幅图像。然后，可将专用的相机原始数据文件以文件格式 DNG、JPEG、TIFF 或 PSD 导出。

可处理来自支持的相机的相机原始数据文件,但也可在 Camera Raw 中打开 TIFF 和 JPEG 图像。Camera Raw 包含一些 Photoshop 中没有的编辑功能，然而，如果处理的是 TIFF 或 JPEG 图像，对其进行白平衡和其他设置将没有处理相机原始数据图像那么灵活。虽然 Camera Raw 能够打开和编辑相机原始数据图像，但并不能使用相机原始数据格式存储图像。

在第 2 课，你使用 Camera Raw 编辑了图像的颜色和光照；在本课中，你将使用它的其他功能。

 注意：Photoshop Raw 格式（扩展名为 .raw）是一种用于在应用程序和计算机平台之间传输图像的文件格式，不要将其同相机原始数据文件格式混为一谈。

5.3　在 Camera Raw 中处理文件

用户在 Camera Raw 中调整图像（如拉直或裁剪）时，Photoshop 和 Bridge 保留原来的数据文件。这样，用户可以根据需要对图像进行编辑，导出编辑后的图像，同时保留原件供以后使用或进行其他调整。

5.3.1　在 Camera Raw 中打开图像

在 Adobe Bridge 和 Photoshop 中都可打开 Camera Raw，还可将相同的编辑应用于多个文件。如果处理的图像都是在相同的环境中拍摄的，这特别有用，因为需要对这些图像做相同的光照和其他调整。

Camera Raw 提供了大量的控件，让用户能够调整白平衡、曝光、对比度、锐化程度、色调曲线等。在这里，你将编辑一幅图像，然后将设置应用于其他相似的图像。

1. 在 Bridge 中，切换到文件夹 Lessons\Lesson05\Mission，其中包含三幅西班牙教堂的照片，读者在前面预览过。
2. 按住 Shift 键并单击这些图像以选择它们：Mission01.crw、Mission02.crw 和 Mission03.crw，然后选择菜单"文件" > "在 Camera Raw 中打开"，如图 5.6 所示。

A. 胶片　B. 显示 / 隐藏胶片　C. 工具栏　D. 切换全屏模式　E. RGB 值　F. 图像调整选项卡　G. 直方图
H. "设置"下拉列表　I. 缩放比例　J. 单击显示工作流程选项　K. 多图像导航控件　L. 调整滑块

图5.6

Camera Raw 对话框显示了第一个原始图像的预览，在该对话框的左边是所有已打开的图像的胶片缩览图。右上角的直方图显示了选定图像的色调范围，对话框底部的工作流程选项链接显示了选定图像的色彩空间、位深、大小和分辨率。对话框的顶部是一系列的工具，让用户能够缩放、平移和修齐图像以及对图像进行其他调整。对话框右边的选项卡式面板提供了其他用于调整图像的选项：用户可校正白平衡、调整色调、锐化图像、删除杂色、调整颜色以及进行其他调整。还可将设置存储为预设供以后使用。

使用 Camera Raw 时，为获得最佳效果，可采用从左到右、从上到下的工作流程，即在进行必要的修改时，通常先使用上面的工具，再依次按顺序使用面板。

下面使用这些控件编辑第一幅图像。

3. 在编辑图像前，单击胶片中的每个缩览图以预览所有图像，也可单击主预览窗口底部的前进按钮（如图 5.7 所示）以遍历所有图像。查看所有图像后，再次选择图像 Mission01.crw。

4. 确保选中了对话框顶部的复选框"预览"，以便能够查看调整结果。

图5.7

5.3.2 调整白平衡

图像的白平衡反映了照片拍摄时的光照状况。数码相机在曝光时记录白平衡，在 Camera Raw 对话框中刚打开图像时，显示的就是这种白平衡。

白平衡有两个组成部分。第一部分是色温，单位为开尔文，它决定了图像的"冷暖"程度，即是冷色调的蓝和绿还是暖色调的黄和红。第二部分是色调，它补偿图像的洋红或绿色色偏。

根据相机使用的设置和拍摄环境（例如，是否有眩光以及光照是否均匀），可能需要调整图像的白平衡。如果要修改白平衡，请首先修改它，因为它将影响对图像所做的其他所有修改。

1. 如果对话框的右边显示的不是基本面板，单击"基本"按钮（⬤）打开它。

默认情况下，"白平衡"下拉列表中选择的是"原照设置"。Camera Raw 应用曝光时相机使用的白平衡设置。Camera Raw 提供了一些白平衡预设，可使用它们查看不同的光照效果。

2. 从"白平衡"下拉列表中选择"阴天"，如图 5.8 所示。

Camera Raw 将相应地调整色温和色调。有时候，使用预设是可行的，但在这里图像依然存在蓝色色偏，你将手工调整白平衡。

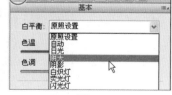

3. 选择 Camera Raw 对话框顶部的白平衡工具（🖊）示。

要设置精确的白平衡，选择原本为白色或灰色的对象，Camera Raw 将使用这些信息确定拍摄场景的光线颜色，然后根据场景光照自动调整。

图5.8

4. 单击图像中的白云，图像的光照将改变，如图 5.9 所示。

5. 单击另一块云彩，图像的光照也随之改变。

使用白平衡工具可快速、轻松地确定场景的最佳光照。在不同的位置单击可修改光照而不会对图像做永久性修改，因此读者可随便尝试。

6. 单击尖塔左边的云彩，这将消除大部分色偏，得到逼真的光照效果。

7. 将色调设置为 -22，让照片更绿些，如图 5.10 所示。

8. 在基本面板中，从"白平衡"下拉列表中选择不同的选项，并观察光照对图像的影响。

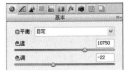

图5.9 　　　　　　　　　　　　　　　　　　　　　　　　图5.10

> **Ps** 提示：要撤销设置，按 Ctrl + Z（Windows）或 Command + Z 快捷键（Mac OS）。
> 要将在当前面板中所做的修改与原始图像进行比较，取消选中复选框"预览"。再
> 选中复选框"预览"，可在当前窗口中看到修改后的图像。

5.3.3　在 Camera Raw 中调整色调

基本面板中的其他滑块影响图像的曝光、亮度、对比度和饱和度。除"对比度"外，向右移动滑块将加亮受影响的图像区域，而向左移动滑块将让这些区域变暗。"曝光"决定了图像中的白点（最亮的点），因此，Camera Raw 将相应地调整其他相似；与此相反，"黑色"滑块设置图像中的黑点（最暗的点）。"高光"和"阴影"滑块分别调整高光和阴影区域的细节。

"对比度"滑块调整图像的对比度；要更细致地调整对比度，可使用"清晰度"滑块，该滑块通过增加局部对比度（尤其是中间调）来增大图像的景深。

"饱和度"滑块均匀地调整图像中所有颜色的饱和度。另一方面，"自然饱和度"滑块对不饱和颜色的影响更强烈，因此可让背景更鲜艳，而不会让其他颜色（如皮肤色调）过度饱和。

可使用"自动"选项让 Camera Raw 校正图像的色调，也可选择自己的设置。

> **Ps** 提示：为获得最佳的效果，读者可提高"透明"值直到在边缘细节旁边看到晕轮，
> 然后再稍微降低该设置。

1. 单击基本面板中的"自动"选项，如图 5.11 所示。

Camera Raw 提高了曝光，并修改了其他几项设置，读者可以此为起点。但在这个练习中，请恢复到默认设置并手工调整它们。

2. 单击基本面板中的"默认值"选项。

3. 按如下调整滑块：

- 保留"曝光"为 0.00；
- 将"对比度"增大到 18；
- 保留"高光"为 0.00；
- 将"阴影"增大到 63；
- 将"白色"降低到 -2；
- 将"黑色"降低到 -18；
- 将"清晰度"增大到 3；
- 将"自然饱和度"增大到 4；
- 将"饱和度"降低到 -3。

这些设置有助于突出图像的中间调，使图像更醒目、更有层次感，同时避免颜色过于饱和，如图 5.12 所示。

图5.11

图5.12

相机原始数据直方图

  Camera Raw对话框右上角的直方图同时显示了当前图像的红色、绿色和蓝色通道（如图5.13所示），用户调整设置时它将相应地更新。另外，用户选择任何工具并在预览图像上移动时，直方图下方将显示鼠标所处位置的RGB值。

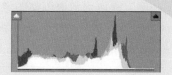

图5.13

5.3.4　应用锐化

  Photoshop 提供了一些锐化滤镜，但如果需要锐化整幅图像，Camera Raw 提供了最好的控件。锐化控件在细节面板中。要在预览面板中查看锐化效果，必须以 100% 或更高的比例查看图像。

提示：如果要调整图像的特定部分，可使用调整画笔工具或渐变滤镜工具。通过使用调整画笔工具在图像中绘画，可调整曝光、高光、清晰度等。使用渐变滤镜工具在以渐变方式在图像的特定区域应用上述调整。

1. 在 Camera Raw 对话框中，双击工具栏左端的缩放工具（🔍）将图像放大到 100%。然后选择抓手工具（✋）并移动图像，以查看教堂顶部的十字架。

2. 单击"细节"标签（▲）打开细节面板。

"数量"滑块决定了 Camera Raw 应用的锐化量。一般而言，读者首先应将数量值设置得非常大，在设置其他滑块后再调整它。

3. 将"数量"滑块移到 100 处。

"半径"滑块决定了锐化图像时 Camera Raw 分析的像素区域。对大多数图像而言，如果将半径值设置得很低（甚至小于 1 像素），将获得最好的效果，因为较大的半径将导致图像的外观不自然，几乎像一幅水彩画。

4. 将"半径"滑块移至 0.9 处。

"细节"滑块决定了用户能够看到多少细节。即使将它设置为 0，Camera Raw 也将执行一些锐化。一般而言，应保持"细节"的设置相对较低。

5. 如果"细节"值不是 25，请将其设置为 25。

"蒙版"滑块决定了 Camera Raw 锐化图像的哪部分。当"蒙版"的设置很高时，Camera Raw 仅锐化图像中边缘很明显的部分。

6. 将"蒙版"滑块移至 61 处。

调整"半径"、"细节"和"蒙版"滑块后，可以降低"数量"值以完成锐化。

提示：移动"蒙版"滑块时可按住 Alt（Windows）或 Option 键（Mac OS）以查看 Camera Raw 将锐化的区域。

7. 将"数量"滑块移至 70 处，如图 5.14 所示。

锐化图像可使其细节和边缘更清晰。"蒙版"滑块让用户能够指定将锐化效果应用于图像中的边缘，以免在模糊的区域或背景中出现伪像。

在 Camera Raw 中进行调整时，原始文件的数据将被保留。对图像所做的调整设置可存储在 Camera Raw 数据库文件中，也可存储在与原始文件位于同一个文件夹的附属 XMP 文件中。将

图5.14

图像文件移到存储介质或其他计算机中时，这些 XMP 文件保留在 Camera Raw 中所做的调整。

提示：如果缩小图像，将不会显示图像的锐化效果。仅当将缩放比例设置为 100% 或更高时，才能预览锐化效果。

5.3.5 同步多幅图像的设置

这 3 幅教堂图像都是在相同的时间和光照
条件下拍摄的。将第一幅教堂图像调整得非常
好后，可以自动将相同的设置应用于其他两幅
教堂图像，为此，可使用"同步"按钮。

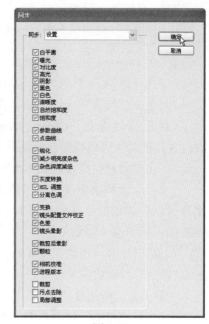

1. 在 Camera Raw 对话框的左上角，单击
   "全选"按钮以选中胶片中的所有图像。
2. 单击"同步"按钮，如图 5.15 所示，
   将出现"同步"对话框，其中列出了
   可应用于图像的所有设置。默认情况
   下，除"裁剪"、"污点去除"和"局
   部调整"外，所有复选框都被选中。
   就这个项目而言，这是可行的，虽然
   这里没有修改所有这些设置。
3. 单击"同步"对话框中的"确定"按
   钮，如图 5.16 所示。

在所有选择的相机原始图像之间同步设置

图5.15　　　　　　　　　　　图5.16

后，缩览图将相应地更新以反映所做的修改。要预览图像，可单击胶片缩览图窗口中的每个缩览图。

5.3.6 保存对相机原始数据的修改

针对不同的用途，可以不同的方式存储修改。首先，读者将把调整后的图像存储为低分辨率
的 JPEG 图像（可在 Web 上共享）；然后，将图像 Mission01 存储为 Photoshop 文件，以便作为智
能对象在 Photoshop 中打开。将图像作为智能对象在 Photoshop 中打开时，可随时回到 Camera Raw
做进一步调整。

1. 在 Camera Raw 对话框中，单击"全选"以选择所有图像。
2. 单击左下角的"存储图像"按钮。
3. 在"存储选项"对话框中做如下设置：
* 从下拉列表"目标"中选择"在相同位置存储"；
* 在"文件命名"部分，保留第一个文本框中的"文档名称（首字母大写）"；
* 从下拉列表"格式"中选择"JPEG"。

这将把校正后的图像存储为更小的 JPEG 格式，可在 Web 上与同事共享这种图像。这些文件
将被命名为 Mission01.jpg、Mission02.jpg 和 Mission03.jpg。

 注意：在 Web 上共享这些图像前，可能需要在 Photoshop 中打开，并将其大小调
整为 640×480 像素。当前，它们要大得多，大多数观看者都需要滚动视图才能看
到整幅图像。

---

4. 单击"存储"按钮，如图 5.17 所示。

图5.17

这将返回到 Camera Raw 对话框，指出处理了多少幅图像，直到保存好所有图像为止。CRW 缩览图仍出现在 Camera Raw 对话框中，但在 Bridge 中，现在读者拥有这些图像的 JPEG 版本和原件（未编辑的 .crw 图像文件），可继续对原件进行编辑，也可以后再编辑。

下面在 Photoshop 中打开图像 Mission01 的一个备份。

5. 在 Camera Raw 对话框的胶片区域选中 Mission01.crw，然后按住 Shift 键，并单击对话框底部的"打开对象"按钮。

这将把该图像作为智能对象在 Photoshop 中打开（如图 5.18 所示），你可随时回到 Camera Raw 继续编辑图像。如果单击"打开图像"按钮，图像将作为标准 Photoshop 图像打开。按住 Shift 键时,按钮"打开图像"将变成"打开对象"。

图5.18

提示：要使"打开对象"按钮成为默认的，单击预览窗口底部（蓝色的）工作流程选项链接，在出现的"工作流程选项"对话框中选中复选框"在 Photoshop 中打开为智能对象"，然后单击"确定"按钮。

6. 在 Photoshop 中，选择菜单"文件" > "存储为"。在"存储为"对话框中，将格式设置为 Photoshop，将文件重命名为 Mission_Final.psd，切换到文件夹 Lesson05，并单击"保存"按钮。如果出现"Photoshop 格式选项"对话框，单击"确定"按钮。然后关闭该文件。

在Camera Raw中存储文件

每种相机都使用独特的格式存储相机原始数据图像，但Adobe Camera Raw能够处理很多原始数据文件格式。Adobe Camera Raw根据内置的相机配置文件和EXIF数据，使用相应的默认图像设置来处理相机原始数据文件。

存储相机原始数据图像时，可使用DNG（Adobe Camera Raw默认使用的格式）、JPEG、TIFF和PSD。所有这些格式都可用于存储RGB和CMYK连续调位图图像；在Photoshop"存储"和"存储为"对话框中，也可选择除DNG外的其他所有格式。

- DNG（Adobe 数字负片）格式包含来自数码相机的原始图像数据以及定义图像数据含义的元数据。DNG将成为相机原始图像数据的行业标准格式，可帮助摄影师管理各种专用相机原始数据格式，并提供了一种兼容的归档格式。只能在 Adobe Camera Raw 中将图像存储为这种格式。

- JPEG（联合图像专家组）文件格式常用于在 Web 上显示照片和其他连续调RGB 图像。高分辨率的 JPEG 图像可能用于其他用途（包括高质量打印）。JPEG 格式保留图像中所有的颜色信息，但通过有选择地丢弃数据来缩小文件。压缩程度越高，图像质量越低。

- TIFF（标记图像文件格式）用于在不同的应用程序和计算机平台之间交换文件。TIFF 是一种灵活的格式，几乎所有的绘画、图像编辑和排版程序都支持它。另外，几乎所有的桌面扫描仪都能生成 TIFF 图像。

- PSD 格式是默认的文件格式。由于 Adobe 产品之间的紧密集成，其他 Adobe 应用程序（如 Adobe Illustrator、Adobe InDesign 和 Adobe GoLive）能够直接导入 PSD 文件，并保留众多的 Photoshop 特性。

在Photoshop中打开相机原始数据文件后，便可以使用多种不同的格式（大型文档格式（PSB）、Cineon、Photoshop Raw或PNG）保存它。Photoshop Raw格式（RAW）是一种用于在应用程序和计算机平台之间传输图像的文件格式，不要将其同相机原始数据文件格式混为一谈。

有关Camera Raw和Photoshop中文件格式的详细信息，请参阅Photoshop帮助。

5.4 应用高级颜色校正

下面使用"色阶"、修复画笔工具和其他 Photoshop 功能改善图 5.19 所示的模特图像。

图5.19

5.4.1　调整色阶

色调范围决定了图像的对比度和细节量，而色调范围取决于像素分布情况：从最暗的像素（黑色）到最亮的像素（白色）。下面使用色阶调整图层来微调这幅图像的色调范围。

1. 在 Photoshop 中，选择菜单"文件">"打开"。切换到文件夹 Lesson05，再双击文件 05B_Start.psd 将其打开。
2. 选择菜单"文件">"存储为"，将文件命名为 Model_final.psd，并单击"保存"按钮。如果出现"Photoshop 格式选项"对话框，单击"确定"按钮。
3. 单击调整面板中的"色阶"按钮。

Photoshop 将在图层面板中添加一个色阶调整图层（如图 5.20 所示），并打开属性面板，其中包含与色阶调整相关的控件以及一个直方图。直方图显示了图像中从最暗到最亮的值，其中左边的黑色三角形代表阴影，右边的白色三角形代表高光，而中间的灰色三角形代表灰度系数。除非是要获得特殊效果，否则理想的直方图应是这样的：黑点位于像素分布范围的起点，白点位于像素分布范围的重点，而直方图中间部分的峰谷分布均匀，这表示有足够多的像素为中间调。

4. 单击直方图左边的"计算更准确的直方图"按钮（▨），Photoshop 将更新直方图，如图 5.21 所示。

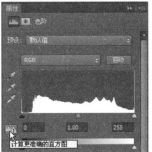
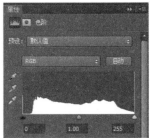

图5.20　　　　　　　　　　　　　　图5.21

直方图的最左边有一条竖线，它表示当前的黑点，但在右边很远的地方才出现大量像素。应设置黑点使其与大量像素开始出现的位置一致。

5. 将左边的黑色三角形向右拖曳到开始有大量像素出现的地方。

当你拖曳时，直方图下方的第一个输入色阶值将发生变化，图像本身也将相应地变化。

6. 将中间的灰色三角形稍微向左移，以稍微加亮中间调。这里将其值设置为 1.18，如图 5.22 所示。

图5.22

5.4.2 使用修复画笔工具消除瑕疵

现在可以让模特的脸更有吸引力了。你将使用修复画笔和污点修复画笔消除瑕疵和雀斑、眼睛中的血丝以及脸上的头发。

1. 在图层面板中，选择"背景"图层，再从图层面板菜单中选择"复制图层"，将新图层命名为 Corrections 并单击"确定"按钮。

处理图层副本可保留原始像素供以后修改。

2. 放大模特的脸以便能够看清——至少放大到 100%。

3. 选择污点修复画笔工具（![icon]）。

4. 在选项栏中做如下设置：

• 将画笔大小设置为 7 像素；

• 将模式设置为"正常"；

• 将类型设置为"内容识别"。

5. 使用污点修复画笔在脸部的头发上绘画。由于选择了选项栏中的单选按钮"内容识别"，污点修复画笔工具将用类似于头发周边的皮肤来替换头发，如图 5.23 所示。

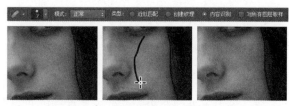

图5.23

6. 在眼睛和嘴巴周围的细纹上绘画，还可消除模特眼睛内的血丝以及脸上的雀斑和瑕疵。请尝试单击非常短的描边以及较长的描边。请消除醒目或分散注意力的皱纹和瑕疵，但不要过度修饰，以免看起来不像本人。

下面使用修复画笔工具消除模特眼睛下方的眼影。

7. 选择隐藏在污点修复画笔工具后面的修复画笔工具（![icon]），将画笔大小设置为 19 像素，将硬度设置为 50%。

8. 按住 Alt（Windows）或 Option 键（Mac OS）并单击眼影下方以指定采样源。

9. 在眼睛下方绘画以消除眼影，如图 5.24 所示。这修改的是颜色，后面将消除纹理。

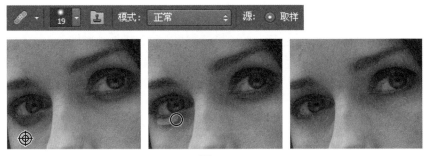

图5.24

10. 选择菜单"文件">"存储"保存所做的工作。

5.4.3 使用减淡和海绵工具改善图像

下面使用减淡工具进一步加亮眼睛下方的颜色，让其看起来更自然；然后，使用海绵工具提高眼睛的颜色饱和度。

1. 在仍选择了图层 Corrections 的情况下，选择减淡工具（🔍）。

2. 在选项栏中，将画笔大小改为 65 像素，将曝光度设置为 30%，并确保从"范围"下拉列表中选择了"中间调"。

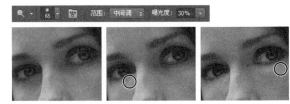

图5.25

3. 使用减淡工具在眼睛下方的阴影上绘画以加亮它们，如图 5.25 所示。

4. 选择隐藏在减淡工具后面的海绵工具（🟤）。在选项栏中，确保选中复选框"自然饱和度"，并做如下设置：

- 将画笔大小设置为 35 像素；
- 将硬度设置为 0%；
- 将模式设置为"饱和"；
- 将流量设置为 50%。

5. 在视网膜上拖曳以提高其颜色饱和度，如图 5.26 所示。

6. 再次选择减淡工具。在选项栏中，从下拉列表"范围"中选择"阴影"。

7. 使用减淡工具加亮眼睛上方的眉毛和视网膜周围，如图 5.27 所示。

图5.26   图5.27

5.4.4　调整皮肤的色调

在 Photoshop CS6 中，可选择肤色所属的色彩范围，从而轻松地调整肤色，而不影响整幅图像。使用"肤色"选择颜色时，也将选择图像中具有类似颜色的区域，但由于你只做细微的调整，因此这通常是可以接受的。

1. 选择菜单"选择">"色彩范围"。

2. 在"色彩范围"对话框中，从"选择"下拉列表中选择"肤色"。

从预览可知，这选择了大部分图像。

3. 选中复选框"检测人脸"。

从预览可知选择的区域发生了变化。当前，选择了脸部、头发和较亮的背景，还有袖子上的折痕。

4. 将"颜色容差"降低到 28，再单击"确定"按钮。

以移动的蚂蚁呈现出选定的图像区域，如图 5.28 所示。下面使用曲线调整图层来加亮这些区域。

5. 单击调整面板中的"曲线"图标。

图5.28

Photoshop 在 Corrections 图层上面添加了一个曲线调整图层，如图 5.29 所示。

6. 单击曲线中央并稍微向上拖曳（如图 5.30 所示），选定的区域将加亮。除皮肤色调外，这还调整了图像的其他区域，但影响并不明显。

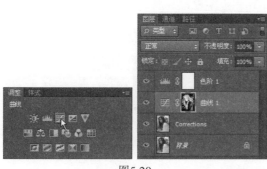

图5.29　　　　　　　　　　　　　　　图5.30

Jay Graham是一位有25年从业经验的摄影师。从为家人拍摄照片开始职业生涯，当前的客户涵盖了广告、建筑、软文和旅游业。

有关Jay的作品选辑，请访问jaygraham.com。

专业摄影师的工作流程

良好的习惯至关重要

合理的工作流程和良好的工作习惯可让你对数码摄影始终充满热情，让你的照片出类拔萃，并避免因从未备份而丢失作品的恶梦。下面简要地概述数码图像处理的基本工作流程，这是一位有25年从业经验的专业摄影师的经验之谈。Jay Graham阐述的指导原则涉及如何设置相机、制定基本颜色校正工作流程、选择文件格式、管理图像和展示图像。

Graham使用Adobe Phothoshop Lightroom来组织数以千计的图像，如图5.31所示。

图5.31

Graham指出，人们的最大抱怨是他们的照片找不到了，不知道到哪里去了，因此正确命名至关重要。

通过设置相机首选项迈出正确的第一步

如果你的相机支持相机原始数据文件格式，最好采用这种格式拍摄，因为这将记录所需的所有图像信息。Graham指出，对于相机原始数据照片，可将其白平衡从日光转换为白炽灯，而不会降低质量。如果出于某些原因，以JPEG拍摄更合适，务必使用高分辨率，并将压缩设置为"精细"。

从最好的素材开始

拍摄时记录所有的数据——采用合适的压缩方式和较高的分辨率，因为你没有机会回过头去再拍摄。

组织文件

将图像下载到计算机中后，尽早对其进行命名和编目。Graham指出，如果使用相机指定的默认名称，迟早将因相机重置而导致多个文件的名称相同。使用Adobe Lightroom给要保存的照片重命名、评级以及添加元数据，并将不打算保存的照片删除。

Graham根据日期（可能还有主题）给文件命名。他将2011年12月12日在Stinson海滩拍摄的所有照片存储在名为20111212_Stinson_01的文件夹中，在该文件夹中，每个文件的编号依次递增，这样在硬盘中查找它们将非常容易。为确保文件名适用于非Macintosh平台，应遵循Windows命令规则：最多包含32个字符，只使用数字、字母、下画线和连字符。

将相机原始数据图像转换为DNG格式

将编辑后的相机原始数据图像存储为DNG格式。不同于众多相机的专用相机原始数据格式，这是一种开源格式，任何设备都能够读取。

保留主控图像

将主控图像存储为PSD、TIFF或DNG格式，而不要存储为JPEG格式。每次编辑并保存JPEG图像时，图像质量都将因重新压缩而降低。

向客户和朋友展示

根据展示作品的方式选择合适的颜色配置文件，并将图像转换到该配置文件，而不要指定配置文件。如果图像要以电子方式查看或将其提供给在线打印服务商打印，颜色空间sRGB将是最佳的选择；对于将用于传统印刷品（如小册子）中的RGB图像，最佳的配置文件是Adobe 1998或Colormatch；对于要使用喷墨打印机打印的图像，最佳的颜色空间为Adobe 1998或ProPhoto。对于将以电子方式查看的图像，将分辨率设置为72ppi，对于要用于打印的图像，将分辨率设置为180ppi或更高。

备份图像

你在图像上花费了大量的时间和精力，不希望它们丢失。鉴于CD和DVD的寿命不确定，最好使用外置硬盘进行备份——最理想的情况是自动备份。Graham指出，这样当内置的硬盘出现问题时，图像丢失的问题将不会发生。

5.4.5　应用表面模糊

模特照片就要处理好了。最后，你将应用"表面模糊"滤镜，让模特的皮肤更光滑。

1. 选择图层 Corrections，再选择菜单"图层">"复制图层"。在"复制图层"对话框中，将图层命名为 Surface Blur，并单击"确定"按钮。

2. 在图层面板中，将图层 Surface Blur 移到图层"曲线 1"和"色阶 1"之间。

3. 在选择了图层 Surface Blur 的情况下，选择菜单"滤镜">"模糊">"表面模糊"。

4. 在"表面模糊"对话框中，保留"半径"设置为 5 像素，将"阈值"滑块移到 10 色阶处，再单击"确定"按钮，如图 5.32 所示。

"表面模糊"滤镜让模特的皮肤看起来太光滑了。下面降低图层的不透明度，以减弱这种效果。

5. 在仍选择了图层 Surface Blur 的情况下，在图层面板中将不透明度改为 30%，如图 5.33 所示。

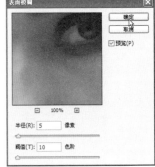

图5.32

现在模特看起来更真实了，但还可使用橡皮擦工具实现更精确的表面模糊打击。

6. 选择橡皮擦工具。在选项栏中，将画笔大小设置为 10 ~ 50 像素，硬度设置为 10%，并将不透明度设置为 90%。

7. 在眼睛、眉毛、鼻子轮廓线和牙齿上绘画。这将删除模糊后的图层的相应部分，让下面更清晰的图层的相应部分显示出来。

8. 缩小图像以便能够看到整幅图像。

9. 将画笔大小增大到 400 像素，然后在背景、上衣和头发上绘画，让这些区域更清晰。这样，表面模糊只应用到了模特的脸，如图 5.34 所示。

图5.33　　　　　　　　　　　图5.34

10. 将文件存盘，再关闭它。

5.5　在 Photoshop 中校正数码照片

正如你看到的，Photoshop 包含大量让用户能够轻松地提高数字照片质量的功能，这包括突出图像的阴影和高光区域中的细节、轻松地消除红眼、减少图像中不需要的杂色和锐化图像的特定区域等。为学习这些功能，你将编辑另一幅图像：海滩上的女孩肖像。

5.5.1 调整阴影和高光

为突出图像中阴影或高光区域中的细节，可使用"阴影/高光"命令。"阴影/高光"命令最适合用于校正这样的照片：主体后面有非常强的逆光或主体离闪光灯太近而不清晰。这种调整也可用于突出光照合适的图像的阴影细节。

1. 选择菜单"文件">"在 Bridge 中浏览"。在 Bridge 的收藏夹面板中，单击文件夹 Lessons，再双击内容面板中的文件夹 Lesson05，然后双击图像 05C_Start.psd 在 Photoshop 中打开它，如图 5.35 所示。

2. 选择菜单"文件">"存储为"，将文件命名为 05C_Working.psd，再单击"保存"按钮。

图5.35

3. 选择"图像">"调整">"阴影/高光"。Photoshop 自动将默认设置应用于该图像——加亮背景。下面定制设置，以突出阴影和高光中更多的细节，并改善天空中的日落景色。

4. 在"阴影/高光"对话框中，选中复选框"显示更多选项"以展开该对话框，并做如下设置。

- 在"阴影"部分，将"数量"设置为 50%，将"色调宽度"设置为 50%，将"半径"设置为 38 像素。

- 在"高光"部分，将"数量"设置为 14%，将"色调宽度"设置为 46%，将"半径"设置为 43 像素。

- 在"调整"部分，将"颜色校正"滑块拖曳到 +5，将"中间调对比度"滑块拖曳到 +22，保留"修剪黑色"和"修剪白色"的默认设置。

5. 单击"确定"按钮让修改生效，如图 5.36 所示。

6. 选择"文件">"存储"保存所做的工作。

图5.36

5.5.2 消除红眼

红眼是由于闪光灯照射到拍摄对象的视网膜上导致的。在黑暗的房间中拍摄人物时常常是出现这种情况，因为此时人物的瞳孔很大。在 Photoshop 中消除红眼很容易，下面来消除该照片中女孩眼睛中的红眼。

1. 选择缩放工具（🔍）并拖曳出一个环绕女孩眼睛的方框，环绕的部分将充满整个图像窗口。为拖曳方框，你可能需要取消选中选项栏中的复选框"细微缩放"。

2. 选择隐藏在修复画笔工具后面的红眼工具（👁）。

3. 在选项栏中，保留"瞳孔大小"为 50%，但将"变暗量"改为 74%。变暗量决定了瞳孔应多暗。

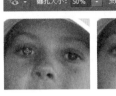

4. 单击女孩左眼的红色区域，红色倒影消失了。

5. 单击女孩右眼的红色区域将这里的倒影也消除，如图 5.37 所示。

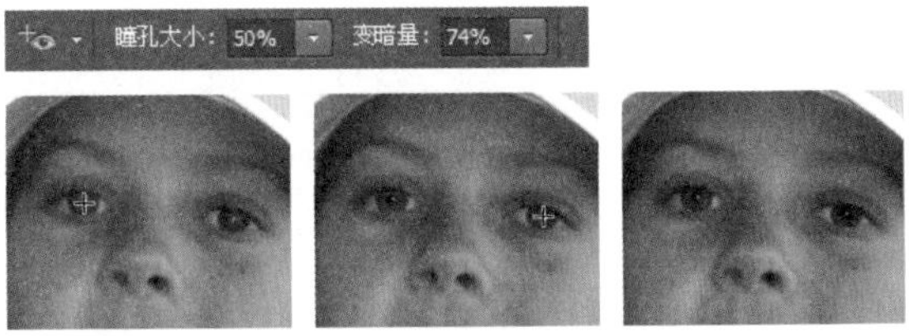

图5.37

6. 双击缩放工具将视图缩小到 100%。

7. 选择菜单"文件">"存储"保存所做的工作。

5.5.3 减少杂色

图像杂色显示为随机的无关像素，这些像素不是图像细节的一部分。如果在数码相机上用很高的 ISO 设置拍照、曝光不足或用较慢的快门速度在黑暗区域中拍照，都可能导致杂色。扫描得到的图像也可能包含杂色，这可能是扫描传感器引起的，也可能是由于被扫描胶片的微粒图案引起的。

图像杂色有两种：亮度杂色和颜色杂色，前者是灰度数据，使图像看起来斑斑驳驳，后者通常看起来像是图像中的彩色伪像。"减少杂色"滤镜可以在保留边缘细节的情况下消除各个颜色通道中的这两类杂色，还可以校正 JPEG 压缩导致的伪像。

下面首先放大女孩的脸以便能够看清楚其中的杂色。

1. 选择缩放工具（🔍）并不断单击脸部中央，直到放大到 300% 左右。

脸部的杂色呈现为带斑点的不规则颗粒。使用"减少杂色"滤镜可柔化该区域。

2. 选择菜单"滤镜">"杂色">"减少杂色"。

3. 在"减少杂色"对话框中做如下设置。

- 将"强度"提高到 8（它控制亮度杂色的多寡）。
- 将"保留细节"减少到 30%。
- 将"减少杂色"提高到 80%。
- 将"锐化细节"增大到 30%。

不用选中复选框"移去 JPEG 不自然感"，因为该图像不是 JPEG 图像，不存在 JPEG 不自然感。

PS **注意**：要减少图像的各个通道中的杂色，可以选中单选按钮"高级"，然后单击"每通道"标签，在每个通道中调整上述设置。

---

4. 通过拖曳在预览区域显示脸部，如图 5.38 所示。在预览区域单击并按住鼠标可查看修改前的图像，松开鼠标后可看到校正后的图像。

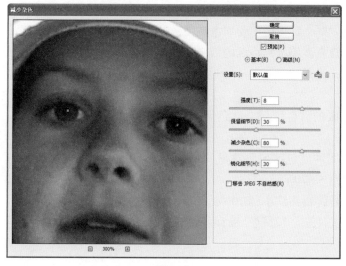

图5.38

5. 单击"确定"按钮让修改生效并关闭"减少杂色"对话框,然后双击缩放工具将缩放比例
   恢复到 100%。

6. 选择菜单"文件" > "存储"保存所做的工作,再关闭该文件。

5.6 校正图像扭曲

镜头校正滤镜可修复常见的相机镜头缺陷,如桶形和枕形扭曲、晕影及色差。桶形扭曲是一
种镜头缺陷,导致直线向外向图像边缘弯曲;枕形扭曲则相反,导致直线向内弯曲;色差指的是
图像对象的边缘出现色带;晕影指的是图像的边缘(尤其是角落)比中央暗。

根据使用的焦距和光圈,有些镜头可能出现这些缺陷。可以让"镜头校正"滤镜根据拍摄照
片时使用的相机、镜头和焦距使用相应的设置,还可使用该滤镜来旋转图像或修复由于相机垂直
或水平倾斜而导致的图像透视问题。相对于使用"变换"命令,该滤镜
显示的网格让这些调整更容易、更准确。

在本节中,读者将调整一幅希腊庙宇图像的镜头扭曲。

1. 选择菜单"文件" > "在 Bridge 中浏览"。在 Bridge 中,切换
   到文件夹 Lesson05,并双击图像 05D_Start.psd,在 Photoshop
   中打开它,如图 5.39 所示。

注意到其中的立柱向相机弯曲,看起来好像已经变形。这种扭曲
是由于拍摄时距离太近且使用的是广角镜头引起的。

2. 选择菜单"文件" > "存储为",在"存储为"对话框中,将文
   件命名为 Columns_Final.psd,并将其存储到文件夹 Lesson05 中。
   如果出现"Photoshop 格式选项"对话框,单击"确定"按钮。

3. 选择菜单"滤镜" > "镜头校正",这将打开"镜头校正"对话框。

图5.39

4. 选中对话框底部的复选框"显示网格",图像上将出现对齐网格。对话框的右边是用于消除扭曲、校正色差、删除晕影和变换透视的选项,如图 5.40 所示。

图5.40

"镜头校正"对话框包含一个"自动校正"选项卡,你将调整其中的一项设置,再自定其他设置。

5. 在"镜头校正"对话框的"自动校正"选项卡中,确保选中复选框"自动缩放图像"且从下拉列表"边缘"中选择"透明度"。

6. 单击标签"自定"。

7. 在"自定"选项卡中,将"移去扭曲"滑块拖曳到 +52 左右,以消除图像中的桶形扭曲;也可选择"移去扭曲"工具()并在预览区域中拖曳鼠标直到立柱变直。

这种调整导致图像边界向内弯曲,但由于你选中了复选框"自动缩放图像","镜头校正"滤镜将自动缩放图像以调整边界。

8. 单击"确定"按钮使修改生效并关闭"镜头校正"对话框,如图 5.41 所示。

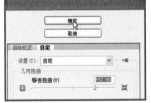

图5.41

> **Ps** 提示:修改时注意对齐网格,以便知道什么时候立柱变成了垂直的。

使用广角镜头及拍摄角度过低导致的扭曲消除了,如图 5.42 所示。

9. (可选)要在图像窗口中查看修改效果,按 Ctrl + Z (Windows)或 Command + Z 快捷键(Mac OS)两次,以撤销滤镜效果再重做。

10. 选择菜单"文件" > "存储"保存所做的修改,再关闭图像。

图5.42

5.7 增大景深

　　拍摄照片时，常常需要决定让前景还是背景清晰。如果希望整幅照片都清晰，可拍摄两张照片（一张前景清晰，一张背景清晰），再在 Photoshop 中合并它们。

　　由于需要精确地对齐图像，因此使用三脚架固定相机将有所帮助。但即使手持相机，也可获得令人惊奇的效果。下面使用这种技巧处理海滩上的高脚杯图像。

1. 在 Photoshop 中，选择菜单"文件">"打开"。切换到文件夹 Lessons\Lesson05，并双击文件 05E_Start.psd 打开它。

2. 选择菜单"文件">"存储为"，将文件命名为 Glass_Final.psd，并保存到文件夹 Lesson05。如果出现"Photoshop 格式选项"对话框，单击"确定"按钮。

图5.43

3. 在图层面板中，隐藏 Beach 图层，以便只有 Glass 图层可见。高脚杯是清晰的，而背景是模糊的。然后显示 Beach 图层，并隐藏 Glass 图层，现在海滩是清晰的，而高脚杯是模糊的，如图 5.43 所示。

下面将每个图层中清晰的部分合并起来。首先需要对齐图层。

4. 同时显示这两个图层，然后按住 Shift 键并单击这两个图层以选择它们，如图 5.44 所示。

图5.44

5. 选择菜单"编辑">"自动对齐图层"。

由于这两幅图像是从相同的角度拍摄的,使用"自动"
就可对齐得很好。

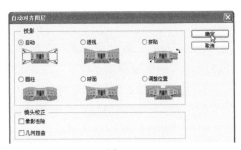

图5.45

6. 如果没有选择单选按钮"自动",请选择它;确
   保复选框"晕影去除"和"几何扭曲"都没有
   被选中,再单击"确定"按钮以对齐图层,如
   图 5.45 所示。

图层完全对齐后,便可混合它们了。

7. 在图层面板中,确保选择了这两个图层。然后选择菜
   单"编辑">"自动混合图层"。

8. 选择单选按钮"堆叠图像"和复选框"无缝色调和颜
   色",再单击"确定"按钮。

图5.46

高脚杯和后面的海滩都很清晰,如图 5.46 所示。下面合
并图层,以方便做其他调整。

9. 选择菜单"图层">"合并可见图层",结果如图 5.47 所示。

图5.47

5.7.1　使用内容感知移动工具添加木桩

下面使用新增的内容感知移动工具在沙滩上添加一些木桩,以模仿平台残留,给画面营造更
平滑的弦律。

1. 选择隐藏在红眼工具（ +● ）后面的内容感知移动工具（ ✄ ）。

2. 在选项栏中,从"模式"下拉列表中选择"扩展",并从"适应"下拉列表中选择"严格"。

3. 通过拖曳鼠标绘制一个选框,包含最右边的两个木桩及其投影。

4. 沿木桩排列方向（即右下方）稍微拖曳
   选区。

当你松开鼠标后,Photoshop 将添加两个木
桩,并将其与场景无缝地混合,如图 5.48 所示。

5. 选择菜单"选择">"取消选择"。

图5.48

5.7.2 添加光圈模糊

Photoshop CS6 新增了交互式模糊功能，让你能够在预览的同时定制模糊。下面使用光圈模糊在玻璃杯周围添加晕影。

1. 选择菜单"滤镜">"模糊">"光圈模糊"。

将出现一个模糊椭圆，其中心与图像的中心重合。你可调整模糊的位置和范围，为此可移动中心图钉、模糊句柄和椭圆手柄。Photoshop 还打开了模糊工具和模糊效果面板。

2. 将中心图钉拖曳到酒杯的右侧。
3. 单击椭圆并向外拖曳以增大模糊范围。
4. 按住 Alt（Windows）或 Option 键（Mac OS），再单击并拖曳模糊句柄，如图 5.49 右边所示。
5. 在对焦环附近单击并拖曳，将模糊量降低到 6 像素，从而生成渐进而明显的模糊，如图 5.50 所示。也可这样修改模糊量：在模糊工具面板的"光圈模糊"部分，拖曳"模糊"滑块。

A. 中心图钉　B. 椭圆　C. 模糊句柄　D. 对焦环
图5.49

图5.50

6. 单击选项栏中的"确定"按钮应用模糊。

图像看起来很好，即将大功告成——只需添加一个自然饱和度调整图层，使图像更鲜艳即可。

7. 单击调整面板中的"自然饱和度"按钮。
8. 将"自然饱和度"滑块移至 +33，将"饱和度"滑块移至 -5，如图 5.51 所示。

图5.51

自然饱和度调整图层影响它下面的所有图层，结果如图 5.52 所示。

9. 选择菜单"文件">"存储"保存所做的工作，再关闭文件。

至此，你改进了 5 幅图像，使用不同的方法调整光照和色调、消除红眼、校正镜头扭曲、增大景深等。你可以单独或结合使用这些方法来处理自己的图像。

图5.52

高动态范围（HDR）图像

人类观察周遭的世界时，肉眼能够适应不同的亮度，因此能够看清阴影或高光中的细节。然而，相机和计算机显示器的动态范围（最亮和最暗区域的亮度比）有限。Photoshop让你能够创建高动态范围（HDR）图像，从而将肉眼在现实世界中看到的亮度加入图像。HDR图像常用于电影、特效和其他高端摄影。然而，通过使用多张以不同曝光拍摄的照片创建HDR图像，可将每张照片显示的细节集中到一幅图像中。

下面将使用"合并到HDR Pro"合并3张不同的街景照片。

1. 在 Bridge 中，打开文件夹 Lesson05\HDR_ExtraCredit，并查看文件 StreetA.jpg、StreetB.jpg 和 StreetC.jpg，如图 5.53 所示。这些照片是以不同曝光度拍摄的相同场景。虽然这里使用的是 JPEG 图像，但也可以使用 Raw 图像。

图5.53

2. 在 Photoshop 中，选择菜单"文件">"自动">"合并到 HDR Pro"。

3. 在"合并到 HDR Pro"对话框中，单击"浏览"按钮。然后，切换到文件夹 Lesson05\HDR_ExtraCredit，再通过按住 Shift 键并单击来选择文件 StreetA.jpg、StreetB.jpg 和 StreetC.jpg。单击"确定"或"打开"按钮。

4. 确保选中了复选框"尝试自动对齐源图像"，再单击"确定"按钮。

Photoshop将打开每个文件并将它们合并成一幅图像。该图像出现在对话框"合并到HDR Pro"中，并对其应用了默认设置；而用于合并的3幅图像出现在该对话框的左下角。

5. 在对话框"合并到 HDR Pro"中调整如下设置。

- 在"边缘光"部分，将"半径"和"强度"滑块分别移到 403 像素和 0.75
  处。这些设置决定了如何应用边缘光。
- 在"色调和细节"部分，将"灰度系数"的设置改为 1.15，将"曝光度"改
  为 0.30，将"细节"改为 300%。这些设置影响图像的整体色调。
- 在"高级"部分，将"阴影"改为 2%，将"高光"改为 11%，它们决定了
  阴影和高光中的细节量；将"自然饱和度"和"饱和度"分别改为 65% 和
  55%，以调整颜色饱和度，如图 5.54 所示。

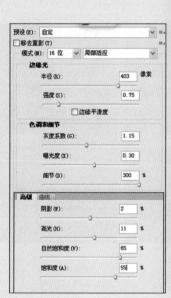

图5.54

6. 单击"确定"按钮让所做的修改生效，并关闭对话框"合并到 HDR Pro"。应用
   你选择的设置时，Photoshop 将把这些图层合并为一个图层。

7. 选择菜单"文件">"存储"，将文件命名为 ExtraCredit_final.psd。

复习

复习题

1. 在 Camera Raw 中编辑相机原始图像时将发生什么情况？
2. Adobe 数字负片（DNG）文件格式有何优点？
3. 在 Photoshop 中如何消除红眼？
4. 描述如何在 Photoshop 中修复常见的镜头缺陷。这些缺陷是什么原因导致的？

复习题答案

1. 相机原始数据文件包含数码相机图像传感器中未经处理的图片数据，让摄影师能够对图像数据进行解释，而不是由相机自动进行调整和转换。在 Camera Raw 中编辑图像时，将保留原始的相机原始文件数据，这样用户可以根据需要对图像进行编辑，然后导出它，同时保留原件不动供以后使用或进行其他调整。
2. Adobe 数字负片（DNG）文件格式包含来自数码相机的原始图像数据以及定义图像数据含义的元数据。DNG 是一种相机原始图像数据行业标准，可帮助摄影师管理专用的相机原始文件格式，并提供了一种兼容的归档格式。
3. 红眼是由于闪光灯照射到主体的视网膜上导致的。要在 Adobe Photoshop 中消除红眼，可放大人物的眼睛，然后选择红眼工具并在红眼上单击，红色倒影将消失。
4. 镜头校正滤镜可修复常见的相机镜头缺陷，如桶形扭曲（直线向图像边缘弯曲）和枕形扭曲（直线向内弯曲）、晕影（图像的边缘，尤其是角落比中央暗）及色差（图像对象的边缘出现色带）。焦距或光圈设置不正确、相机垂直或水平倾斜都可能导致这些缺陷。

第6课 蒙版和通道

在本课中，读者将学习以下内容：

- 通过创建蒙版将主体与背景分离；
- 调整蒙版使其包含复杂的边缘；
- 创建快速蒙版以修改选定区域；
- 使用属性面板编辑蒙版；
- 使用操控变形操纵蒙版；
- 将蒙版保存为 Alpha 通道；
- 使用通道面板查看蒙版；
- 将通道作为选区载入；
- 隔离通道以修改图像的特定部分。

本课需要大约 1 小时。如果还没有将文件夹 Lesson06 复制到硬盘中，请现在就这样做。在学习过程中，请保留初始文件；如果需要恢复初始文件，只需从配套光盘再次复制它们即可。

使用蒙版可隔离并操纵图像的特定
部分。可以修改蒙版的挖空部分，但其
他区域受到保护，不能修改。可以创建
一次性使用的临时蒙版，也可保存蒙版
供以后使用。

6.1 使用蒙版和通道

Photoshop 蒙版隔离并保护部分图像，就像护条可防止油工将油漆喷到窗户玻璃和窗饰上一样。根据选区创建蒙版时，未选中的区域将被遮住（不能编辑）。使用蒙版可创建和保存耗费大量时间创建的选区，供以后使用。另外，蒙版还可用于完成其他复杂的编辑任务，如修改图像的颜色或应用滤镜效果。

在 Adobe Photoshop 中，可创建被称为快速蒙版的临时蒙版；也可创建永久性蒙版，并将其存储为被称为 Alpha 通道的特殊灰度通道。Photoshop 还使用通道存储图像的颜色信息。不同于图层，通道是不能打印的。可使用通道面板来查看和处理 Alpha 通道。

在蒙版技术中，一个重要的概念是黑色隐藏，而白色显示。与现实生活中一样，很少有非黑即白的情况。灰色实现部分隐藏，隐藏程度取决于灰度值（255 相当于黑色，因此完全隐藏；0 相当于白色，因此完全显示）。

6.2 概　述

首先来查看读者将使用蒙版和通道创建的图像。

1. 启动 Photoshop 并立刻按住 Ctrl + Alt + Shift（Windows）或 Command + Option + Shift 快捷键（Mac OS）以恢复默认首选项（参见前言中的"恢复默认首选项"）。
2. 出现提示对话框时，单击"是"按钮确认要删除 Adobe Photoshop 设置文件。
3. 选择菜单"文件" > "在 Bridge 中浏览"启动 Adobe Bridge。
4. 单击 Bridge 窗口左上角的"收藏夹"标签，选择文件夹 Lessons，然后双击内容面板中的文件夹 Lesson06。
5. 研究文件 06End.psd。要放大缩览图以便看得更清楚，可将 Bridge 窗口底部的缩览图滑块向右移。

在本课中，读者将制作一个制作封面。该封面使用的模特照片的背景不合适，你将使用蒙版和"调整蒙版"功能将模特放到合适的背景中。

6. 双击文件 06Start.psd 的缩览图在 Photoshop 中打开它，如果出现"嵌入的配置文件不匹配"对话框，单击"确定"按钮。

6.3 创建蒙版

下面使用使用快速选择工具创建一个初始蒙版，以便将模特与背景分离。

1. 选择菜单"文件" > "存储为"，将文件重命名为 06Working.psd 并单击"保存"按钮。如果出现"Photoshop 格式选项"对话框，单击"确定"按钮。

通过存储原始文件的副本，需要时可使用原始文件。

2. 选择快速选择工具（ ）。在选项栏中，将画笔大小设置为 15 像素，硬度设置为 100%。

Ps | 提示：有关如何建立选区请参阅第 3 课。

---

3. 选择照片中的男人，如图 6.1 所示。选择衬衫和脸很容易，但头发比较难选择。如果建立的选区不完美，也不用担心，下一节将调整蒙版。

4. 在属性面板中，单击"添加像素蒙版"按钮，如图 6.2 所示。

图6.1   图6.2

该选区将变成一个像素蒙版，出现在图层面板中的图层 Layer 0 中。选区外的部分都变成了透明的，用棋盘图案表示。

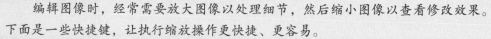

来自Photoshop布道者的提示

Julieanne Kost是一名Adobe Photoshop官方布道者。

缩放工具快捷键

编辑图像时，经常需要放大图像以处理细节，然后缩小图像以查看修改效果。下面是一些快捷键，让执行缩放操作更快捷、更容易。

- 按住 Ctrl + 空格（Windows）或 Command + 空格快捷键（Mac OS），以暂时选择放大工具。执行完放大操作后，松开这些按键返回到以前使用的工具。

- 按住 Alt + 空格（Windows）或 Option + 空格快捷键（Mac OS），以暂时选择缩小工具。执行完缩小操作后，松开这些按键返回到以前使用的工具。

- 双击工具面板中的缩放工具，将图像的缩放比例设置为 100%。

- 选中了选项栏中的复选框"细微缩放"时，向左拖曳可放大视图，而向左拖曳可缩小视图。

- 按住 Alt（Windows）或 Option 键（Mac OS）从放大工具切换到缩小工具，然后单击要缩小的图像区域。每执行一次这样的操作，图像都将缩小到下一个预设的缩放比例。

- 在选择了其他工具的情况下，按 Ctrl 和 +（Windows）或 Command 和 + 快捷键（Mac OS）进行放大，按 Ctrl 和 -（Windows）或 Command 和 - 快捷键（Mac OS）进行缩小。

6.4　调整蒙版

这个蒙版很好，但快速选择工具没有选择模特的所有头发。另外，在该蒙版中，衬衫和脸部边缘也有点呈锯齿状。下面让蒙版更平滑，并微调蒙版覆盖的头发区域。

1. 选择菜单"窗口">"属性"打开属性面板。
2. 在图层面板中，如果没有选择 Layer 0 的蒙版，通过单击选择它。
3. 在属性面板中，单击"蒙版边缘"按钮，这将打开"调整蒙版"对话框，如图 6.3 所示。
4. 在该对话框的"视图模式"部分，单击预览图右边的箭头并从下拉列表中选择"黑底"。

蒙版将以黑色为背景，让白色衬衫和脸部的边缘更清晰。

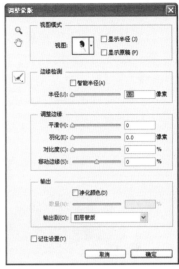

图6.3

5. 在该对话框的"调整边缘"部分，通过调整滑块沿衬衫和脸部创建平滑的未羽化边缘。最佳设置取决于你创建的选区，但与这里的设置可能比较接近。这里将"平滑"滑块设置为 15，"对比度"设置为 40%，移动边缘设置为 -8%，如图 6.4 所示。

图6.4

6. 在该对话框的"输出"部分，选中复选框"净化颜色"，并从"输出到"下拉列表中选择"新建带有图层蒙版的图层"。
7. 选择对话框"调整蒙版"中的缩放工具，然后单击脸部将其放大。
8. 选择对话框"调整蒙版"中的调整半径工具（ ），使用它绘画以删除嘴唇和鼻子周围遗留的白色背景。要缩小画笔，可按 [键；要增大画笔，可按] 键。
9. 对环绕脸部的蒙版部分满意后，单击"确定"按钮。图层面板中将出现一个新图层，名为

"Layer 0 副本"。下面将使用该图层来调整蒙版，使其覆盖一束束头发。

10. 在选择了图层"Layer 0 副本"的情况下，单击属性面板中的"蒙版边缘"按钮再次打开"调整蒙版"对话框。

11. 从"视图"下拉列表中选择"白底"，在白色背景下黑色头发显得很清晰。如果必要，缩小视图或使用抓手工具调整图像的位置，以便能够看到所有的头发。

12. 选择对话框"调整蒙版"中的调整半径工具。按] 键增大画笔（选项栏显示了画笔大小，这里首先将画笔设置为 300 像素），然后沿头发上边缘绘画，以包含所有立起的头发束。按 [键将画笔缩小大约 50%，然后沿头部右侧绘画以恢复突出的发丝，如图 6.5 所示。

图6.5

当你绘画时，Photoshop 将调整蒙版边缘，让蒙版涵盖头发，但不会涵盖大部分背景；而在图层蒙版上绘画时，将把背景包含进来。调整蒙版功能很不错，但它并不完美。下面将随头发包含进来的背景剔除。

13. 在"调整蒙版"对话框中，选择隐藏在调整半径工具后面的抹去调整工具（ ）。在呈现出背景色的每个地方单击一两次，以进一步清理蒙版。小心不要抹去对头发边缘所做的调整。如果必要，可撤销一步或使用调整半径工具恢复边缘。

14. 选中复选框"净化颜色"并将"数量"滑块设置为 85%。从"输出到"下拉列表中选择"新建带图层蒙版的图层"，再单击"确定"按钮，如图 6.6 所示。

15. 在图层面板中，显示图层 Magazine Background，模特将出现在桔色图案背景的前面，如图 6.7 所示。

图6.6　　　　　　　　　　　　　　　　　　图6.7

有关蒙版的提示和快捷键

在Photoshop中，掌握蒙版提高工作效率。下面这些提示有助于了解蒙版。

- 蒙版是非破坏性的，这意味着以后可以重新编辑蒙版，而不会导致其隐藏的像素丢失。

- 编辑蒙版时，务必注意在工具面板中选择的颜色。黑色隐藏，白色显示，而灰色部分显示或隐藏。灰色越黑，隐藏的程度越高。

- 要显示图层的内容而不显示蒙版效果，可禁用蒙版，为此可按住 Shift 键并单击图层蒙版的缩览图，也可选择菜单"图层">"图层蒙版">"停用"。在图层面板中，被禁用的蒙版缩览图上有一个红色 X。

- 要重新启用蒙版，可按住 Shift 键并单击图层面板中有红色 X 的蒙版缩览图，也可选择菜单"图层">"图层蒙版">"启用"。如果蒙版没有在图层面板中显示出来，选择菜单"图层">"图层蒙版">"显示全部"。

- 通过解除图层和蒙版之间的链接，可独立地移动图层和蒙版。要解除图层（图层组）同图层蒙版或矢量蒙版之间的链接，可在图层面板中单击缩览图之间的链接图标；要重新链接它们，可单击两个缩览图之间的空白区域。

- 要将矢量蒙版转换为图层蒙版，可选择与之相关联的图层，并选择菜单"图层">"格栅化">"矢量蒙版"；然而，需要注意的是，将矢量蒙版格栅化后，便无法将其恢复为矢量对象。

- 要修改蒙版，可调整属性面板中的"浓度"和"羽化"滑块。"浓度"滑块决定蒙版的不透明度，浓度为 100% 时，蒙版完全管用；浓度较低时，对比度降低；浓度为 0% 时，蒙版不管用。"羽化"滑块柔化蒙版的边缘。

6.5 创建快速蒙版

下面将创建一个快速蒙版以修改镜框的颜色，但在此之前，先清理一下图层面板。

1. 隐藏图层 Magazine Baccground，以便将注意力集中在模特上。然后，删除图层 Layer 0 和 "Layer 0 副本"。如果出现提示，单击"是"或"删除"确认要删除图层及其蒙版。不需要应用蒙版，因为图层 "Layer 0 副本 2" 有蒙版。

图6.8

2. 双击图层名 "Layer 0 副本 2，并将其重命名为 Model，如图 6.8 所示。

3. 单击工具面板中的"在快速蒙版模式下编辑"按钮（）（默认情况下在标准模式下编辑），如图 6.9 所示。

在快速蒙版模式下，当你建立选区时，将出现红色叠加层，像传统照片冲印店那样使用红色醋酸纸覆盖选区外的区域。你只能修改选定并可见的区域，这些区域未受到保护。在图层面板中，选定的图层将呈灰色而不是蓝色，这表明当前处于快速蒙版模式。

图6.9

4. 选择工具面板中的画笔工具（ ）。
5. 在选项栏中，确保模式为"正常"。打开弹出式画笔面板并选择一种直径为 13 像素的画笔，再在面板外单击以关闭它。
6. 在眼镜脚上绘画，绘画的区域将变成红色，这创建了一个蒙版。
7. 继续绘画以覆盖眼镜脚和镜片周围的镜框，如图 6.10 所示。在镜片周围绘画时缩小画笔。不用担心被头发覆盖的眼镜脚部分：修改颜色时不会影响这些区域。

在快速蒙版模式下，Photoshop 自动切换到灰度模式：前景色为黑色，背景色为白色。在快速蒙版模式下使用绘画或编辑工具时，请牢记如下原则。

- 使用黑色绘画将增大蒙版（红色覆盖层）并缩小选区。
- 使用白色绘画将缩小蒙版（红色覆盖层）并增大选区。
- 使用灰色绘画将部分覆盖。

8. 单击"在标准模式下编辑"按钮退出快速蒙版模式。

将选择未覆盖的区域。除非将快速蒙版保存为永久性的 Alpha 通道，否则临时蒙版转换为选区后，Photoshop 将丢弃它。

9. 选择菜单"选择">"反向"选择前面遮盖的区域。
10. 选择菜单"图像">"调整">"色相/饱和度"。
11. 在"色相/饱和度"对话框中，将"色相"设置改为 70，再单击"确定"按钮，镜框将变成绿色，如图 6.11 所示。

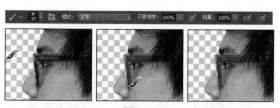

图6.10

图6.11

12. 选择菜单"选择">"取消选择"。
13. 保存所做的工作。

6.6 使用操控变形操纵图像

操控变形让你能够更灵活地操纵图像。你可以调整头发和胳膊等区域的位置，就像提拉木偶上的绳索一样。可在要控制移动的地方加入图钉。

1. 在图层面板中选择了图层 Model 的情况下，选择菜单"编辑">"操控变形"。

图层的可见区域（这里是模特）将出现一个网格，如图 6.12 所示。你将使用该网格在要控制移动（或确保它不移动）的地方添加图钉。

2. 沿衬衫边缘单击。每当你单击时，操控变形都将添加一颗图钉。添加大约 10 颗图钉就够了。

通过在衬衫周围添加图钉，可确保倾斜模特头部时衬衫保持不动。

3. 选择颈背上的图钉，图钉中央将出现一个白点，这表明选择了该图钉，如图 6.13 所示。

4. 按住 Alt（Windows）或 Option（Mac OS）键，将在图钉周围出现一个更大的圆圈，而鼠标将变成弯曲的双箭头。继续按住 Alt（Windows）或 Option（Mac OS）键并拖曳鼠标，让头部后仰，如图 6.14 所示。在选项栏中可看到旋转角度，你也可以在这里输入 135 让头部后仰。

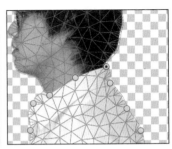

图6.12 　　　　　　　 图6.13

图6.14

5. 对旋转角度满意后，单击选项栏中的"提交操控变形"按钮（☑）或按回车键。

6. 保存所做的工作。

6.7　使用通道

不同的图层存储了图像中的不同信息，同样，通道也让你能够访问特定的信息。Alpha 通道将选区存储为灰度图像，而颜色信息通道存储了有关图层中每种颜色的信息，例如，RGB 图像默认包含红色、绿色、蓝色和复合通道。

为避免将通道和图层混为一谈，可这样认为：通道包含了图像的颜色和选区信息，而图层包含的是绘画和效果。

下面将使用一个 Alpha 通道创建模特的投影，然后将图像转换为 CMYK 模式，并使用黑色通道给头发添加彩色高光。

6.7.1　使用 Alpha 通道创建投影

前面创建了一个覆盖模特的蒙版，为创建投影，可复制该蒙版并调整其位置。为实现这种目标，可使用 Alpha 通道。

1. 在图层面板中，按住 Ctrl（Windows）或 Command 键（Mac OS）并单击图层 Model 的缩览图。这将选择蒙版对应的区域。

2. 选择菜单"选择">"存储选区"。在"存储选区"对话框中，确保从"通道"下拉列表中选择了"新建"，然后将通道命名为 Model Outline 并单击"确定"按钮。

图层面板和图像窗口都没有任何变化，但在通道面板中添加了一个名为 Model Outline 的新通道。

3. 单击图层面板底部的"创建新图层"按钮，将新图层拖放到图层 Model 下面。然后双击新图层的名称，并将其重命名为 Shadow，如图 6.15 所示。

4. 在选择了图层 Shadow 的情况下，选择菜单"选择">"调整边缘"。在"调整边缘"对话框中，将"移动边缘"设置为 36%，再单击"确定"按钮。

5. 选择菜单"编辑">"填充"。在"填充"对话框中，从下拉列表"使用"中选择"黑色"，再单击"确定"按钮。

图层 Shadow 将显示用黑色填充的模特轮廓。投影通常没有人那么暗，下面降低该图层的不透明度。

6. 在图层面板中，将图层不透明度改为 30%，如图 6.16 所示。

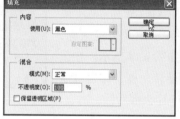

图6.15   图6.16

当前，投影与模特完全重合，根本看不到。下面调整投影的位置。

7. 选择菜单"选择">"取消选择"。

8. 选择菜单"编辑">"变换">"斜切"。手工旋转投影或在选项栏的"旋转"文本框中输入 -15，然后向左拖曳投影或在选项栏的"X"文本框中输入 845。单击"提交变换"按钮或按回车键让变换生效，结果如图 6.17 所示。

图6.17

9. 选择菜单"文件">"存储"保存所做的工作。

alpha通道简介

如果读者经常使用Photoshop，一定用过alpha通道。最好了解一些有关alpha通道的知识。

- 一幅图像最多可包含56个通道，其中包括所有的颜色通道和alpha通道。
- 所有通道都是8位的灰度图像，能够显示256种灰度。
- 用户可以指定每个通道的名称、颜色、蒙版选项和不透明度，其中不透明度只影响通道的预览，而不会影响图像。
- 所有新通道的大小和像素数量都与原始图像相同。
- 可以使用绘画工具、编辑工具和滤镜对alpha通道中的蒙版进行编辑。
- 可以将alpha通道转换为专色通道。

6.7.2　调整通道

该杂志封面图像就要制作好了，余下的工作是给模特的头发添加彩色高光。下面将图像转换为 CMYK 模式，以便能够利用黑色通道来完成这项任务。

1. 在图层面板中选择图层 Model。
2. 选择菜单"图层">"模式">"CMYK 颜色"。在出现的对话框中，单击"不合并"按钮，因为你要保留图层。如果出现有关颜色配置文件的警告，单击"确定"按钮。
3. 按 住 Alt（Windows） 或 Option（Mac OS）键并单击图层 Model 左边的眼睛图标，以隐藏其他所有图层。
4. 单击"通道"标签。在通道面板中，选择黑色通道，再从通道面板菜单中选择"复制通道"。将通道命名为 Hair，并单击"确定"按钮，结果如图 6.18 所示。

图6.18

如果只显示了一个通道，图像窗口显示的将是灰度图像；如果显示了多个通道，将为彩色图像。

5. 让通道 Hair 可见，并隐藏黑色通道。然后，选择通道 Hair（如图 6.19 所示），并选择菜单"图像">"调整">"色阶"。
6. 在"色阶"对话框中，将黑场设置为 85，中间调设置为 1，白场设置为 165，再单击"确定"按钮，如图 6.20 所示。

图6.19

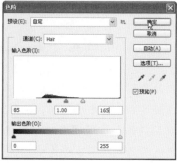

图6.20

7. 在仍选择了通道 Hair 的情况下，选择菜单"图像"＞"调整"＞"反相"，该通道将变成黑色背景中的白色区域。

8. 选择画笔工具，单击工具面板中的"交换前景色和背景色"图标将前景色设置为黑色，然后在眼镜、眼睛以及不是头发的其他所有区域绘画，如图 6.21 所示。

图6.21

9. 单击通道面板底部的"将通道作为选区载入"图标。

10. 单击"图层"标签，再在图层面板中选择图层 Model，如图 6.22 所示。

11. 选择菜单"选择"＞"调整边缘"。在"调整边缘"对话框中，将"羽化"设置为 1.2 像素，再单击"确定"按钮。

图6.22

12. 选择菜单"图像"＞"调整"＞"色相 / 饱和度"。选中复选框"着色"，按下面设置滑块，再单击"确定"按钮，如图 6.23 所示。

• 色相：230；

• 饱和度：56；

• 亮度：11。

13. 选择菜单"图像"＞"调整"＞"色阶"。在"色阶"对话框中，将黑场移到直

图6.23

方图的起点，将白场移到直方图的终点，将中间调放在它们中间，然后单击"确定"按

钮，如图 6.24 所示。这里使用的值为 58、1.65 和 255，你使用的值可能不同。

14. 在图层面板中，显示图层 Shadow 和 Magazine。

15. 选择菜单"选择" > "取消选择"，最终结果如图 6.25 所示。

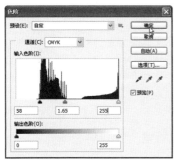  

图6.24   图6.25

16. 选择菜单"文件" > "存储"。

至此，这个杂志封面就做好了。

蒙版概念

　　Alpha通道、通道蒙版、剪贴蒙版、图层蒙版和矢量蒙版之间有何不同呢？在有些情况下，它们是同义词：可将通道蒙版转换为图层蒙版，而图层蒙版和矢量蒙版之间也可相互转换。

　　下面简要地介绍这些概念。它们之间的共同之处在于，它们都存储选区，让用户能够以非破坏性方式编辑图像，随时可恢复到原始图像。

* Alpha 通道也被称为蒙版或选区，它们是添加到图像中的额外通道，以灰度图像的方式存储选区。用户可通过添加 Alpha 通道来创建和存储蒙版。

* 图层蒙版类似于 Alpha 通道，但与特定图层相关联。通过使用图层蒙版，可控制要显示（隐藏）图层的哪些部分。在图层面板中，图层蒙版的缩览图（在添加内容前为空白的）显示在图层缩览图右边，如果周围有黑色边框，则说明图层蒙版当前被选中。

* 矢量蒙版是由矢量（而不是像素）组成的图层蒙版。矢量蒙版独立于分辨率，它有犀利的边缘，是使用钢笔或形状工具创建的。它们不支持透明度，因此不能羽化其边缘。它们的缩览图看起来与图层蒙版缩览图相同。

* 剪贴蒙版应用于图层，让用户只将效果应用于特定图层，而不是下面的所有图层。通过使用剪贴蒙版来剪贴图层，将只有该图层受影响。剪贴蒙版的缩览图向右缩进，并通过一个直角箭头指向它下面的图层。被剪贴的图层的名称带下画线。

* 通道蒙版限定只对特定通道（如 CMYK 图像中的青色通道）进行编辑。通道蒙版对于创建边缘细致的复杂选区很有帮助。可以根据图像的主要颜色创建通道蒙版，还可根据通道中主体和背景之间的强烈反差来创建通道蒙版。

复习

复习题

1. 使用快速蒙版有何优点？
2. 取消选择快速蒙版时，将发生什么情况？
3. 将选区存储为蒙版时，蒙版被存储在什么地方？
4. 存储蒙版后如何在通道中编辑蒙版？
5. 通道和图层之间有何不同？

复习题答案

1. 快速蒙版有助于快速创建一次性选区。另外，通过使用快速蒙版，可使用绘图工具轻松地编辑选区。
2. 取消选择快速蒙版后它将消失。
3. 蒙版被存储在通道中，而通道可被视为图像中颜色和选区信息的存储区。
4. 可使用黑色、白色和灰色在通道中的蒙版上绘画。
5. 通道是用于存储选区的存储区。除非手动显示通道，否则它不会出现在图像，也不会被打印。图层可用于隔离图像的不同部分，以便将它们作为独立的对象，使用绘画工具、编辑工具进行编辑或应用其他效果。

第7课 文字设计

在本课中，读者将学习以下内容：

- 利用参考线在合成图像中放置文本；

- 根据文字创建剪贴蒙版；

- 将文字和其他图层合并；

- 设置文本的格式；

- 沿路径放置文本；

- 创建并应用文字样式；

- 使用高级功能控制文字及其位置。

本课需要的时间不超过 1 小时。如果还没有将文件夹 Lesson07 复制到硬盘中，请现在就这样做。在学习过程中，请保留初始文件；如果需要恢复初始文件，只需从配套光盘再次复制它们即可。

Photoshop 提供了功能强大而灵活的文字工具，让用户能够轻松、颇具创意地在图像中加入文字。

7.1 关于文字

在 Photoshop 中，文字由以数学方式定义的形状组成，这些形状描述了某种字体中的字母、数字和符号。很多字体都有多种格式，其中最常见的格式是 Type 1（PostScript 字体）、TrueType 和 OpenType。有关 OpenType 的更详细信息，请参阅本课后面的"Photoshop 中的 OpenType"。

在 Photoshop 中将文字加入到图像中时，字符由像素组成，其分辨率与图像文件相同——放大字符时将出现锯齿形边缘。然而，Photoshop 保留基于矢量的文字的轮廓，并在用户缩放文字、保存 PDF 或 EPS 文件或者通过 PostScript 打印机打印图像时使用它们。因此，用户可以创建边缘犀利的独立于分辨率的文字、将效果和样式应用于文字以及对其形状和大小进行变换。

7.2 概 述

在本课中，读者将为一本技术杂志制作封面。你将以第 6 课制作的封面为基础，其中包含一位模特、模特投影和桔色背景，你将在封面中添加文字，并设置其样式，包括对文字进行变形。

首先来查看最终的合成图像。

1. 启动 Photoshop 并立刻按下 Ctrl + Alt + Shift（Windows）或 Command + Option + Shift 快捷键（Mac OS）以恢复默认首选项（参见前言中的"恢复默认首选项"）。

2. 出现提示对话框时，单击"是"按钮确认要删除 Adobe Photoshop 设置文件。

3. 选择菜单"文件">"在 Bridge 中浏览"启动 Adobe Bridge。

4. 在 Bridge 左上角的收藏夹面板中，单击文件夹 Lessons，然后双击内容面板中的文件夹 Lesson07，以便能够看到其内容。

5. 选择文件 07End.psd。向右拖曳缩览图滑块加大缩览图，以便清晰地查看该图像。

你将使用 Photoshop 的文字功能来完成该杂志封面的制作。所需的所有文字处理功能 Photoshop 都有，无需切换到其他应用程序就能完成这项任务。

 注意：虽然本课是第 6 课的延续，但文件 07Start.psd 包含一条路径和一条注释，这些在你存储的文件 06Working.psd 中没有。

6. 双击文件 07Start.psd 在 Photoshop 中打开它，如图 7.1 所示。

7. 选择菜单"文件">"存储为"，将文件重命名为 07Working.psd，并单击"保存"按钮。

8. 如果出现"Photoshop 格式选项"对话框，单击"确定"按钮。

9. 从选项栏中的工作区切换下拉列表中选择"排版规则"。

排版规则工作区显示本课将使用的字符面板、段落面板、段落样式面板、图层面板和路径面板。

图7.1

7.3 使用文字创建剪贴蒙版

剪贴蒙版是一个或一组对象，它们遮住了其他元素，使得只有这些对象内部的区域才是可见的。实际上，这是对其他元素进行裁剪，使其符合剪贴蒙版的形状。在 Photoshop 中，可以使用形状或字母来创建剪贴蒙版。在本节中，读者将把字母用作剪贴蒙版，让另一个图层中的图像能够透过这些字母显示出来。

7.3.1 添加参考线以方便放置文字

文件 07Working.psd 包含一个 Background 图层，制作的文字将放在它上面。首先放大要处理的区域，并使用标尺参考线来帮助放置文字。

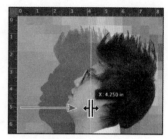

图7.2

1. 选择菜单"视图">"按屏幕大小缩放"，以便能够看到整个封面。
2. 选择菜单"视图">"标尺"，在图像窗口顶端和左边显示参考线标尺。
3. 从左标尺拖曳出一条垂直参考线，并将其放在封面中央（4.25 英寸处），如图 7.2 所示。

7.3.2 添加点文字

现在可以在合成图像中添加文字了。Photoshop 允许用户在图像的任何位置创建横排或直排文字。用户可以输入点文字（一个字母、一个单词或一行）或段落文字。在本课中，读者将添加这两种文字，首先来添加点文字。

1. 在图层面板中，选择图层 Background。
2. 选择横排文字工具（ T ），并在选项栏中做如下设置（如图 7.3 所示）。
   - 在下拉列表"字体系列"中选择一种无衬线字体，如 Myriad Pro，然后从下拉列表"字体样式"中选择 Semibold。
   - 在下拉列表"字体大小"中输入 144 并按回车键。
   - 单击"居中对齐文本"按钮。
3. 在字符面板中，将"字距"设置为 100。
4. 在前面添加的中央参考线上单击以设置插入点，并输入 DIGITAL。然后单击选项栏中的"提交所有当前编辑"按钮（ ✔ ），结果如图 7.3 所示。

图7.3

注意：输入文字后，要提交编辑，要么单击"提交所有当前编辑"按钮，要么切换到其他工具或图层，而不能通过按回车键来提交，这样做将换行。

单词 DIGITAL 被加入到封面，并作为一个新文字图层（DIGITAL）出现在图层面板中。可以像其他图层那样编辑和管理文字图层，可以添加或修改文本、改变文字的朝向、应用消除锯齿、应用图层样式和变换以及创建蒙版。可以像其他图层一样移动和复制文字图层、调整其排列顺序以及编辑其图层选项。

5. 按住 Ctrl（Windows）或 Command（Mac OS）键并拖曳文字 DIGITAL，将其移到封面顶端。

6. 选择菜单"文件" > "存储"将文件存盘。

7.3.3 创建剪贴蒙版及应用投影效果

默认情况下，添加的文字为黑色。这里需要使用一幅电路板图像来填充这些字母，因此接下来读者将使用这些字母来创建一个剪贴蒙版，让另一个图层中的图像透过它们显示出来。

1. 打开文件夹 Lesson07 中的文件 circuit_board.tif。可使用 Bridge 打开该文件，也可选择菜单"文件" > "打开"。

2. 在 Photoshop 中，选择菜单"窗口" > "排列" > "双联垂直"。文件 circuit_board.tif 和 07Working.psd 都将出现在屏幕上。单击文件 circuit_board.tif 以确保它处于活动状态。

3. 选择移动工具，再按住 Shift 键并将 circuit_board.tif 文件的"背景"图层拖曳到文件 07Working.psd 的中央，如图 7.4 所示。拖曳时按住 Shift 键可让 circuit_board.tif 图像位于合成图像的中央。

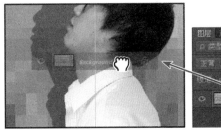

图7.4

在 07Working.psd 的图层面板中将出现一个新图层（图层 1），该图层包含电路板图像，读者将让它透过文字显示出来。然而，在创建剪贴蒙版前，需要缩小电路板图像，因为它相对于合成图像太大了。

4. 关闭文件 circuit_board.tif，而不保存所做的修改。

5. 在 07Working.psd 文件中，选择图层"图层 1"，再选择菜单"编辑" > "变换" > "缩放"。

6. 抓住定界框角上的一个手柄，按住 Shift 键并拖曳，将电路板缩小到与文字等宽。按住 Shift 键拖曳可保持图像的长宽比不变。调整电路板的位置，使其覆盖文字，如图 7.5 所示。

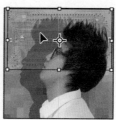

图7.5

7. 按回车键让变换生效。

8. 双击图层名"图层 1"并将其改为 Circuit Board。然后，按回车键或单击图层面板中图层名的外部使修改生效，如图 7.6 所示。

9. 如果没有选择图层 Circuit Board，选择它，再从图层面板菜单中选择"创建剪贴蒙版"，如图 7.7 所示。

图7.6

图7.7

提示：也可这样创建剪贴蒙版：按住 Alt 键（Windows）或 Option 键（Mac OS），并在图层 Circuit Board 和 DIGITAL 之间单击。

电路板图像将透过字母 DIGITAL 显示出来。图层 Circuit Board 的缩览图左边有一个小箭头，而文字图层的名称带下画线，这表明应用了剪贴蒙版。下面添加内阴影效果，赋予字母以立体感。

10. 选择文字图层 DIGITAL 使其处于活动状态，单击图层面板底部的"添加图层样式"按钮（ *fx.* ），并从下拉列表中选择"内阴影"。

11. 在"图层样式"对话框中，将混合模式设置为"正片叠底"，不透明度设置为 48%，距离设置为 18，阻塞设置为 0，大小设置为 16，再单击"确定"按钮，如图 7.8 所示。

图7.8

12. 选择“文件”>“存储”保存所做的工作，此时的图像如图 7.9 所示。

图7.9

来自Photoshop布道者的提示

Julieanne Kost是一名Adobe Photoshop官方布道者。

文字工具使用技巧

- 选择文字工具后，按住 Shift 键并在图像创建口单击，将创建一个新的文字图层。这样做可避免在另一个文字块附近单击时，Photoshop 将自动选择它。
- 在图层面板中，双击任何文字图层的缩览图图标“T”，将选中该图层中所有的文字。
- 选中任何文本后，在该文本上单击鼠标右键（Windows）或按住 Control 键并单击（Mac OS），可打开上下文菜单，然后选择“拼写检查”可检查拼写。

7.4 沿路径放置文字

在 Photoshop 中，可创建沿你使用钢笔或形状工具创建的路径排列的文字。文字的方向取决于你在路径中添加锚点的顺序。使用横排文字工具在路径上添加文字时，字母将与路径垂直。如果你调整路径的位置或形状，文字也将相应地移动。

下面在一条路径上创建文字，让问题看起来像是从模特嘴中出来的。路径我们已经为你创建好了。

1. 在图层面板中，选择图层 Background。

2. 单击图层面板组中的“路径”标签。

3. 在路径面板中，选择路径 Speech Path，它看起来像是从模特嘴里出来的，如图 7.10 所示。

4. 选择横排文字工具。

5. 在字符面板中做如下设置。

- 字体系列为 Myriad Pro。
- 字体样式为 Regular。

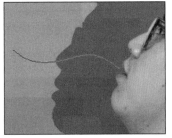

图7.10

- 字体大小为 16 点。
- 字距为 -10。
- 颜色为白色。
- 全大写（**TT**）。

6. 将鼠标指向路径，等出现一条斜线后单击路径的起点，并输入文字 What's new with Games?，如图 7.11 所示。

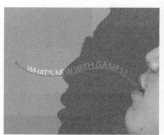

图7.11

7. 选择单词 GAMES 并将其字体样式改为 Bold，在选项栏中单击"提交所有当前编辑"按钮（✔），如图 7.12 所示。

8. 在图层面板中，选择图层 What's New with Games，再从图层面板菜单中选择"复制图层"，并将新图层命名为 What's new with MP3s?。

图7.12

9. 使用文字工具选择 Games，并将其替换为 MP3s，再单击选项栏中的"提交所有当前编辑"按钮。

10. 选择菜单"编辑">"自由变换路径"，将路径左端旋转大约 30°，再将该路径移到第一条路径的上方。然后，单击选项栏中的"提交变换"按钮，结果如图 7.13 所示。

11. 重复第 8～10 步，将单词 GAMES 替换为 PHONES。将路径左端旋转大约 -30°，并将该路径移到第一条路径的下方，结果如图 7.14 所示。

图7.13   图7.14

12. 选择菜单"文件">"存储"保存所做的工作。

7.5 点文字变形

位于路径上的文字比直线排列的文字更有趣，但下面将变形文字，让其更有趣。变形让用户能够扭曲文字，使其变成各种形状，如圆弧或波浪。用户选择的变形样式是文字图层的一种属性——用户可以随时修改图层的变形样式，以修改文字的整体形状。变形选项让用户能够准确地控制变形效果的方向和透视。

1. 通过滚动或使用抓手工具（🖐）移动图像窗口的可见区域，让模特左边的文字位于图像窗口中央。

2. 在图层面板中，在图层 What's New with Games? 上单击鼠标右键（Windows）或按住 Control 键并单击（Mac OS），然后从上下文菜单中选择"文字变形"，如图 7.15 所示。

3. 在"文字变形"对话框中，从下拉列表"样式"中选择"波浪"并选中单选按钮"水平"。将"弯曲"设置为 +33%，"水平扭曲"设置为 -23%，"垂直扭曲"设置为 +5%，然后单击"确定"按钮，如图 7.16 所示。

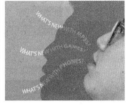

图7.15　　　　　　　　　　　　　　　　图7.16

单词 What's New with Games? 看起来是浮动的，就像波浪。重复第 2 ~ 3 步对你在路径上添加的其他两段文字进行变形。

4. 将文件存盘。

7.6　设计段落文字

到目前为止，读者在封面上添加的文本都只有几个单词或字符，它们是点文字。然而，很多设计方案要求包含整段文字。在 Photoshop 中，可以设计整段文字，还可应用段落样式。你无须切换到排版程序来对段落文字进行复杂的控制。

7.6.1　使用参考线来帮助放置段落

接下来读者将在封面上添加段落文字。首先在工作区中添加一些参考线以帮助放置段落。

1. 从左边的垂直标尺上拖出一条参考线，将其放在距离封面右边缘大约 0.25 英寸处。

2. 从顶端的水平标尺上拖出一条参考线，将其放在距离封面顶端大约 2 英寸处，如图 7.17 所示。

图7.17

7.6.2　添加来自注释中的段落文字

现在可以添加段落文字了。在实际的设计中，文字可能是以字处理文档或电子邮件正文的方式提供的，设计师可将其复制并粘贴到 Photoshop 中；也可能需要设计师自己输入。对撰稿人来说，另一种添加少量文字的简易方式是，使用注释将其附加到图像文件中，这里就是这样做的。

1. 双击图像窗口右下角的黄色注释打开
   注释面板，如图 7.18 所示。如果必要，
   扩大注释面板以便能够看到所有文本。

2. 选择注释面板中的所有文本，再按 Ctrl
   + C（Windows）或 Command + C 快捷
   键（Mac OS）将其复制到剪贴板，然
   后关闭注释面板。

3. 选择图层 Model，再使用横排文字工
   具在杂志封面右边拖曳出一个文本框。

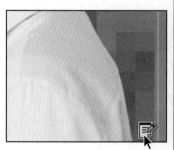

图7.18

该文本框宽约 4 英寸，高约 8 英寸，距离封面右边缘大约 0.25 英寸。请将该文本框与前面添加的参考线对齐。

> **Ps** | **提示**：如果你不小心选择了文字 DIGITAL，可在开始拖曳文本框时按住 Shift 键，
> 然后松开 Shift 键并继续拖曳。按住 Shift 键可确保 Photoshop 新建一个文字图层。

4. 按 Ctrl + V（Windows）或 Command + V 快捷键（Mac OS）粘贴文本。新文字图层位于图层面板顶部，因此文本出现在模特前面。
   粘贴的文字很大，因为默认为 144 点。下面将文字调整到合适的大小，再设置其样式。

5. 在粘贴的文字中单击，并按 Ctrl + A（Windows）或 Command + A 快捷键（Mac OS）选择所有文字。然后，在字符面板中将字体大小设置为 18 点。

6. 选择前 3 行（The Trend Issue），再在字符面板中应用如下设置。

- 字体系列为 Myriad Pro（或其他无衬线字体）。
- 字体样式为 Regular。
- 字体大小（**T**）为 70 点。
- 行间距（**⫶**）为 55 点。
- 颜色为白色。

7. 单击字符面板组中的"段落"标签以显示段落面板。

8. 在仍选择了 The Trend Issue 的情况下，单击"右端对齐文本"按钮。

9. 单击"字符"标签以显示字符面板，再选择单词 Trend，并将字体样式改为 Bold。

10. 单击选项栏中的"提交所有当前编辑"按钮，结果如图 7.19 所示。

11. 单击图层面板的空白区域，确保没有选择任何图层。

标题的格式就设置好了。

图7.19

7.6.3 创建段落样式

下面创建一种段落样式，以设置其他文本的格式。段落样式是一系列文字属性，你只需单击就可将其应用于整个段落。Photoshop 中的段落样式类似于排版程序（如 Adobe InDesign）和字处理程序中的段落样式，但它们的工作原理可能存在一些差别。默认情况下，将对你在 Photoshop 中创建的所有文本应用段落样式"基本段落"。

1. 单击段落样式面板底部的"创建新的段落样式"按钮。
2. 双击"段落样式 1"以修改其属性。
3. 在"段落样式选项"对话框中，指定如下设置（如图 7.20 所示）。

图7.20

- 样式名称：Cover Teasers。
- 字体系列：Myriad Pro。
- 字体样式：Bold。
- 字体大小：28 点。
- 行距：28 点。
- 颜色：白色。

4. 在"段落样式选项"对话框左边的列表中，选择"缩进和间距"。
5. 从"对齐方式"下拉列表中选择"右"，再单击"确定"按钮。

你创建了一个样式，可通过应用它来快速设置封面上文章标题的格式。下面为副标题创建一种样式，其字体应更小些。

6. 再次单击段落样式面板底部的"创建新的段落样式"按钮。
7. 双击"段落样式 1"，再指定如下设置。

- 样式名称：Teasers subheads。
- 字体系列：Myriad Pro。
- 字体样式：Regular。
- 字体大小：22 点。
- 行距：28 点。
- 颜色：白色。

8. 在"段落样式选项"对话框左边的列表中，选择"缩进和间距"。
9. 从"对齐方式"下拉列表中选择"右"，再单击"确定"按钮。

7.6.4 应用段落样式

应用段落样式很容易，只需选择文本，再单击样式名。如果文本原来使用的是"基本段落"样式，Photoshop 将保留这些覆盖（override），而只应用样式中不与这些覆盖冲突的属性。在这种情况下，通过清除覆盖可应用样式的所有属性。

1. 选择文本 What's Hot，再在段落样式面板中选择 Cover Teasers，如图 7.21 所示。

Photoshop 将 Cover Teasers 的部分（而非全部）属性应用于该段落，因为在你应用该样式时，已经有一些其作用的样式覆盖。

2. 单击段落样式面板底部的"清除覆盖"按钮。

图7.21

3. 选择 What's Hot 下面一行文本，再在段落样式面板中选择 Teaser subheads，然后单击"清除覆盖"按钮。

4. 对 What's Not 和 Coming this year 重复第 1 ~ 3 步。

接下来对部分文字进行修改。

5. 选择 Coming this year 及其后面的所有文字，再在字符面板中将文本颜色改为黑色。

6. 最后，单击"提交所有当前编辑"按钮让修改生效，结果如图 7.22 所示。

图7.22

Photoshop中的OpenType

OpenType是Adobe和Microsoft联合开发的一种跨平台字体文件格式，这种格式使得可将同一种字体用于Mac OS和Windows计算机，这样在不同平台之间传输文件时，无需替换字体或重排文本。Photoshop CS4支持OpenType，后者支持各种扩展字符集和版面设计功能，如传统的PostScript和TrueType字体不支持的花饰字和自由连字。这反过来提供了更丰富的语言支持和高级文字控制。下面是一些有关OpenType的要点。

OpenType菜单：字符面板菜单中有一个OpenType子菜单，其中显示了对当前OpenType字体来说可用的所有特性，这包括连字、替代和分数字。呈灰色显示的特性对当前字体而言不可用；选中的特性被应用于当前字体。

自由连字：要将自由连字用于两个OpenType字符，如Bickham Script Standard字体的"th"，可在图像窗口中选中它们，然后从字符面板菜单中选择"OpenType"＞"自由连字"。

花饰字：添加花饰字或替代字符的方法相同，选中字母（如 Bickham Script 字体的大写字母T），然后选择"OpenType"＞"花饰字"，将常规大写字母T改成极其华丽的花饰字T。

创建真正的分数：像通常那样输入分数，如1/2，然后选中这些字符，再从字符面板菜单中选择"OpenType"＞"分数字"，Photoshop将把它变成真正的分数。

Ps 提示：使用 Adobe Illustrator 中的字形面板可预览 OpenType 选项：在 Photoshop 中复制文本并将其粘贴到一个 Illustrator 文档中。然后选择"窗口"＞"文字"＞"字形"，以打开字形面板。选中要修改的文字，然后在字形面板中从"显示"下拉列表中选择"当前所选字体的替代字"。双击一种字形将其应用于所选文字，然后复制文字并将其粘贴到 Photoshop 文件中。

7.6.5　添加直排文字

该杂志封面的文字处理工作就要完成了，余下的唯一任务是在右上角添加卷号，你将使用直排文字工具添加。

1. 选择菜单"选择">"取消选择图层"，再选择隐藏在横排文字工具后面的直排文字工具（ᵀ）。
2. 按住 Shift 键并从封面右上角的字母 L 附近开始拖曳，然后松开 Shift 键并拖曳出一个垂直的矩形框。

开始拖曳前按住 Shift 键可确保你创建新文本框，而不是选择标题。

图7.23

3. 输入 VOL 9。
4. 通过拖曳鼠标或三击选中这些字母，然后在字符面板中做如下设置（如图 7.23 所示）。
* 选择一种衬线字体，如 Myriad Pro。
* 将字体样式设置为 Condensed。
* 字体大小为 15 点。
* 字符间距为 150。
* 颜色为黑色。

5. 单击选项栏中的"提交所有当前编辑"按钮（✔）。直排文本将出现在一个名为 VOL 9 的图层中。如果必要，使用移动工具（ ）将其拖曳到右边。

图7.24

接下来需要做一些清理工作。

6. 通过单击选择注释，然后单击鼠标右键（Windows）或按住 Control 键并单击（Mac OS），再从上下文菜单中选择"删除注释"将注释删除，如图 7.24 所示。单击按钮"是"确认要删除注释。

7. 隐藏参考线：选择抓手工具（ ），并按 Ctrl + ;（Windows）或 Command + ;快捷键（Mac OS）隐藏参考线。然后，缩小视图以方便查看作品。最终图像如图 7.25 所示。
8. 选择"文件">"存储"保存所做的工作。

图7.25

祝贺你！你在这个杂志封面上添加了所需的文字并设置了样式。杂志封面制作好了，下面将其拼合，为印刷做好准备。

9. 选择菜单"文件">"存储为"，并将文件重命名为 07Working_flattened。如果出现"Photoshop 格式选项"对话框，单击"确定"按钮。

通过保留包含图层的版本，以后可回过头来对 07Working.psd 做进一步编辑。

10. 选择"图层">"拼合图像"。
11. 选择"文件">"存储"，然后关闭图像窗口。

复习

复习题

1. Photoshop 如何处理文字？
2. 在 Photoshop 中，文字图层与其他图层之间有何异同？
3. 何为剪贴蒙版？如何从文字创建剪贴蒙版？
4. 何为段落样式？

复习题答案

1. 在 Photoshop 中，文字由以数学方式定义的形状组成，这些形状描述了某种字体中的字母、数字和符号。在 Photoshop 中将文字加入到图像中时，字符由像素组成，其分辨率与图像文件相同。然而，Photoshop 保留基于矢量的文字的轮廓，并在用户缩放文字、保存 PDF 或 EPS 文件或者通过 PostScript 打印机打印图像时使用它们。
2. 添加到图像中的文字作为文字图层出现在图层面板中，可以像其他图层那样对其进行编辑和管理。可以添加和编辑文本、更改文字的朝向和应用消除锯齿，还可以移动和复制图像文字图层、调整其排列顺序以及编辑图层选项。
3. 剪贴蒙版是一个或一组对象，它们遮住了其他元素，只有位于它们里面的区域才是可见的。要将任何文字图层中的字母转换为剪贴蒙版，可选择该文字图层以及要透过字母显示出来的图层，然后从图层面板菜单中选择"创建剪贴蒙版"。
4. 段落样式是一系列文字属性，你可迅速将其应用于整个段落。

第8课 矢量绘制技巧

在本课中，你将学习以下内容：

- 区分位图和矢量图形；

- 使用钢笔工具绘制笔直和弯曲的路径；

- 将路径转换为选区以及将选区转换为路径；

- 保存路径；

- 绘制和编辑图层形状；

- 绘制自定形状；

- 从 Adobe Illustrator 导入智能对象并对其进行编辑。

 本课需要大约 90 分钟。如果还没有将文件夹 Lesson08 复制到硬盘中，请现在就这样做。在学习过程中，请保留初始文件；如果需要恢复初始文件，只需从配套光盘中再次复制它们即可。

　　不同于位图，无论如何放大矢量图
像，其边缘都是清晰的。在 Photoshop
图像中，可绘制矢量形状和路径，还可
添加矢量蒙版以控制哪些内容在图像中
可见。

8.1 位图图像和矢量图

要使用矢量形状和矢量路径，必须了解两种主要的计算机图形——位图图像和矢量图形之间的基本区别。在 Photoshop 中，可以处理这两种图形。事实上，在一个 Photoshop 图像文件中可以包含位图和矢量数据。

从技术上说，位图图像被称为光栅图像，它是基于像素网格的。每个像素都有特定的位置和颜色值。处理位图图像时，编辑的是像素组而不是对象或形状。位图图形可以表示颜色和颜色深浅的细微变化，因此适合用于表示连续调图像，如照片或在绘画程序中创建的作品。位图图形的缺点是，它们包含的像素数是固定的，因此在屏幕上放大或以低于创建时的分辨率打印时，可能丢失细节或出现锯齿。

矢量图形由直线和曲线组成，而直线和曲线是由被称为矢量的数学对象定义的。无论被移动、调整大小还是修改颜色，矢量图形都将保持其犀利性。矢量图形适用于插图、文字以及诸如徽标等可能被缩放到不同尺寸的图形。图 8.1 说明了矢量图形和位图之间的差别。

矢量图 Logo

栅格化为位图的 Logo

图8.1

8.2 路径和钢笔工具

在 Photoshop 中，矢量形状的轮廓被称为路径。路径是使用钢笔工具、自由钢笔工具或形状工具绘制的曲线或直线。使用钢笔工具绘制路径的准确度最高；形状工具用于绘制矩形、椭圆和其他形状；使用自由钢笔工具绘制路径时，就像使用铅笔在纸张上绘画一样。

图8.2

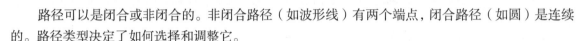
路径可以是闭合或非闭合的。非闭合路径（如波形线）有两个端点，闭合路径（如圆）是连续的。路径类型决定了如何选择和调整它。

打印图稿时，没有填充或描边的路径不会被打印。这是因为不同于使用铅笔工具和其他绘画工具绘制的位图形状，路径是不包含像素的矢量对象。

8.3 概　述

先来查看你将创建的图像：一家虚构的玩具公司的招贴画。

1. 启动 Adobe Photoshop 并立刻按下 Ctrl + Alt + Shift（Windows）或 Command + Option + Shift 快捷键（Mac OS）以恢复默认首选项（参见前言中的"恢复默认首选项"）。

2. 出现提示对话框时，单击"是"按钮确认要删除 Adobe Photoshop 设置文件。

3. 单击标签 Mini Bridge 打开该面板。如果 Bridge 没有在后台运行，单击"启动 Bridge"按钮。

4. 在 Mini Bridge 面板中，从左边的下拉列表中选择"收藏夹"，再依次双击文件夹 Lessons 和 Lesson08。

5. 选择文件 08End.psd，按空格键在全屏模式下查看它，如图 8.3 所示。

图8.3

为创建该招贴画，你将处理一幅宇宙飞船玩具图像，并练习使用钢笔工具创建路径和选区。在创建背景形状和文字的过程中，你还将更详细地学习形状和矢量蒙版以及智能对象的用法。

Ps 注意：如果在 Photoshop 中打开 08End.psd，系统可能提示你更新文字图层。如果是这样，单击"更新"按钮即可。在计算机之间（尤其是在操作系统之间）共享文件时，可能需要更新文字图层。

---

6. 查看完 08End.psd 后，再次按空格键。然后，双击文件 08Start.psd，在 Photoshop 中打开它，如图 8.4 所示。

7. 选择菜单"文件"＞"存储为"，将文件重命名为 08Working.psd 并单击"保存"按钮。在"Photoshop 格式选项"对话框中，单击"确定"按钮。

图8.4

8.4 在图稿中使用路径

你将使用钢笔工具选择宇宙飞船。宇宙飞船的边缘光滑而弯曲，使用其他方法难以选取。

你将绘制一条环绕宇宙飞船的路径，并在其内部创建另一条路径。将路径转换为选区，然后从一个选区中剔除另一个，以便只选择宇宙飞船，而不选背景。最后，将使用宇宙飞船图像新建一个图层，并修改它后面的图像。

使用钢笔工具绘制路径时，应使用尽可能少的点来创建所需的形状。使用的点越少，曲线越平滑，文件的效率越高。图 8.5 说明了这一点。

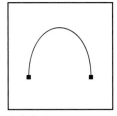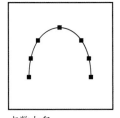

点数合适　　　点数太多

图8.5

使用钢笔工具创建路径

可以使用钢笔工具来创建由直线或曲线组成的闭合或非闭合路径。如果你不熟悉钢笔工具，刚开始使用时可能感到迷惑。了解路径的组成元素以及如何使用钢笔工具来创建路径后，绘制路径将容易得多。

要创建由线段组成的路径，可单击鼠标。首次单击时，将设置路径的起点。随后每次单击时，都将在前一个点和当前点之间绘制一条线段，如图8.6所示。要绘制由线段组成的复杂路径，只需不断添加点即可。

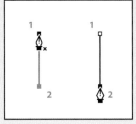

创建直线

图8.6

要创建由曲线组成的路径，单击鼠标以放置一个锚点，再拖曳鼠标为该锚点创建一条方向线，然后通过单击放置下一个锚点。每条方向线有两个方向点，方向线和方向点的位置决定了曲线段的长度和形状。通过移动方向线和方向点可以调整路径中曲线的形状。如图8.7所示。

光滑曲线由被称为平滑点的锚点连接；急转弯的曲线路径由角点连接。移动平滑点上的方向直线时，该点两边的曲线段将同时调整，但移动角点上的方向线时，只有与方向线位于同一边的曲线段被调整。

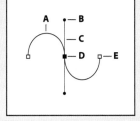

A. 曲线段
B. 方向点
C. 方向点
D. 选定的锚点
E. 未选定的锚点

图8.7

绘制路径段和锚点后，可以单独或成组地移动它们。路径包含多个路径段时，可以通过拖曳锚点来调整相应的路径段，也可以选中路径中所有的锚点以编辑整条路径。可以使用路径选择工具来选择并调整锚点、路径段或整条路径。

创建闭合路径和非闭合路径之间的差别在于结束路径的绘制。要结束非闭合路径的绘制，单击工具面板中的钢笔工具；要创建闭合路径，将鼠标指向路径起点并单击。路径闭合后，将自动结束路径的绘制，同时鼠标图标将包含一个x，这表明下次单击将开始绘制新路径，如图8.8所示。

绘制路径时，路径面板中将出现一个名为"工作路径"的临时存储区域。应保存工作路径，如果在同一幅图像中使用了多条不同的路径，则必须这样做。如果用户在路径面板中取消对现有"工作路径"的选择，并再次开始绘制，新的工作路径将取代原来的工作路径，因此原来的工作路径

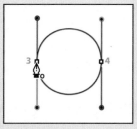

创建闭合路径
图8.8

将丢失。要保存工作路径，在路径面板中双击它，然后在"存储路径"对话框中输入名称，并单击"确定"按钮将其重命名并保存。在路径面板中，该路径仍将被选中。

8.4.1 绘制形状轮廓

你将使用钢笔工具将 A-S 的点连接起来，然后连回到 A 点。你将设置一些线段、平滑点和角点。首先配置钢笔工具选项和工作区，然后使用模板描绘宇宙飞船的轮廓。

1. 双击 Mini Bridge 标签关闭该面板，腾出它占用的工作区空间。

2. 在工具面板中选择钢笔工具（🖊）。

Ps 提示：如果你不熟悉钢笔工具，使用起来可能感到困惑。为让你更轻松地绘制宇宙飞船轮廓，我们在文件夹 Lesson08\Video 中提供了完成这项任务的视频。请双击 Paths.mp4，再按视频演示的做。

---

3. 在选项栏中选择或核实如下设置（如图 8.9 所示）。

• 从"工具模式"下拉列表中选择"路径"。

• 从"路径操作"下拉列表中选择"合并形状"。

• 在"钢笔选项"下拉列表中，确保没有选中复选框"橡皮带"。

• 确保选中了复选框"自动添加 / 删除"。

A."工具模式"下拉列表　B."路径操作"下拉列表　C."钢笔选项"下拉列表

图8.9

4. 单击"路径"标签将该面板板拉到图层面板组的最前面，如图 8.10 所示。

图8.10

路径面板显示你绘制的路径的缩览图，当前该面板是空的，因为你还没有开始绘制。

5. 如果必要，放大视图以便能够看到形状模板上用字母标记的点和红点。确保能够在图像窗口中看到整个模板，并在放大视图后重新选择钢笔工具。

6. 单击 A 点（宇宙飞船顶部的蓝点）并松开鼠标，这样就设置了第一个锚点。

7. 单击 B 点并向下拖曳到红点 b，再松开鼠标。这设置了曲线的方向，如图 8.11 所示。

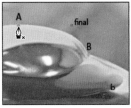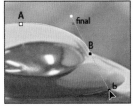

在 A 处创建第一个锚点　　在 B 处设置一个平滑点

图8.11

在驾驶舱的角上（B 点），需要将平滑点转换为角点，以便在曲线和线段之间急转弯。

8. 按住 Alt（Windows）或 Option（Mac OS）键并单击 B 点，将该平滑点转换为角点并删除一条方向线。

9. 单击 C 点并拖曳到红点 c。对 D 点和 E 点重复这种操作，如图 8.12 所示。

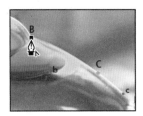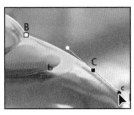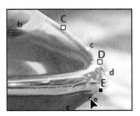

将平滑点转换为角点　　　　添加一条线段　　　　绕宇宙飞船端部到另一个角点

图8.12

绘制过程中如果出了错，选择"编辑">"还原"撤销该操作，然后继续绘制。

10. 单击 F 点并松开鼠标。

11. 单击 G 点并拖曳到对应的红点。

12. 单击 H 点并拖曳到其红点，再按住 Alt（Windows）或 Option（Mac OS）键并单击 H 点，将其转换为角点。

13. 单击 I 点并拖曳到其红点，再按住 Alt 或 Option 键并单击 I 点，将其转换为角点。

14. 单击 J 点并拖曳到其红点，再将 J 点转换为角点。

15. 单击 K 点并拖曳到其红点，单击 L 点并拖曳到其红点，再将 L 点转换为角点。

16. 单击 M 点并拖曳到其红点，再将其转换为角点，然后单击 N 点并拖曳到其红点。

17. 单击 O 和 P 点以绘制直线段。单击 Q 点并拖曳到相应的红点，以创建环绕尾翼的曲线段。

18. 单击 R 点和 S 点而不拖曳，以创建直线段。

19. 将鼠标指向 A 点，鼠标中将出现一个小圆圈，这表明此时单击鼠标将闭合路径（小圆圈可能难以看到）。单击 A 点并拖曳到红点 final 再松开鼠标，以绘制最后一条曲线段，如图 8.13 所示。

图8.13

20. 在路径面板中，双击"工作路径"，再在"存储路径"对话框中输入 Spaceship，并单击"确定"按钮保存它，如图 8.14 所示。

图8.14

21. 选择"文件">"存储"保存所做的工作。

8.4.2 将选区转换为路径

下面使用另一种方法创建第二条路径。首先，使用选取工具选择一个颜色类似的区域，然后将选区转换为路径。可将使用选取工具创建的任何选区转换为路径。

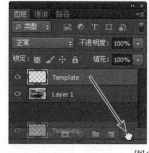

图8.15

1. 单击"图层"标签以显示该面板，再将图层 Template 拖曳到面板底部的"删除图层"按钮上，因为不再需要该图层了，如图 8.15 所示。

2. 选择工具面板中隐藏在快速选择工具后面的魔棒工具（ ）。

3. 在选项栏中确保容差为 32。

4. 单击宇宙飞船垂直机翼内的绿色区域，如图 8.16 所示。

5. 单击"路径"标签将该面板拉到最前面，再单击面板底部的"从选区生成工作路径"按钮（ ）。

选区被转换为路径并创建了一条新的"工作路径"，如图 8.17 所示。

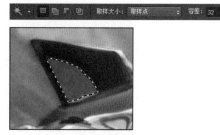

图8.16   图8.17

6. 双击"工作路径"，将其命名为 Fin，并单击"确定"存储该路径，如图 8.18 所示。

7. 选择"文件">"存储"保存所做的工作。

图8.18

8.4.3 将路径转换为选区

就像可以将选区边界转换为路径一样，也可以将路径转换为选区。路径有平滑轮廓，让用户能够创建精确选区。绘制环绕宇宙飞船和机翼的路径后，可将这些路径转换为选区，再将滤镜应用于该选区。

1. 在路径面板中，单击路径 Spaceship 使其处于活动状态。
2. 从路径面板菜单中选择"建立选区"，再单击"确定"按钮将路径 Spaceship 转换为选区，如图 8.19 所示。

Ps 提示：也可单击路径面板底部的"将路径作为选区载入"按钮将当前路径转换为选区。

图8.19

接下来将 Fin 选区从 Spaceship 选区中剔除，以便能够透过机翼内部的空白区域看到背景。

3. 在路径面板中，单击路径 Fin 使其处于活动状态，再从路径面板菜单中选择"建立选区"。
4. 在"建立选区"对话框的"操作"部分，选择"从选区中减去"，再单击"确定"按钮。

路径 Fin 被转换为选区，并从 Spaceship 选区中剔除该选区，如图 8.20 所示。

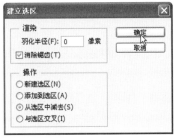

图8.20

不要取消该选区，因为在下一个练习要用。

8.4.4　将选区转换为图层

接下来，你将看到使用钢笔工具创建选区如何有助于实现有趣的效果。由于已将宇宙飞船隔离出来，因此可在一个新图层中创建其副本，然后将其复制到另一个图像（具体地说是用作玩具店招贴画背景的图像）中。

1. 确保在图像窗口中仍能看到选区边界，如果看不到，请重复前一节的操作。
2. 选择"图层">"新键">"通过拷贝的图层"。
3. 单击"图层"标签将该面板拉到最前面。图层面板中出现了一个名为"图层 1"的新图层。从缩览图可知，该图层只包含原图层中的宇宙飞船图像，而没有背景。

图8.21

4. 在图层面板中，将"图层 1"重命名为 Spaceship，如图 8.21 所示。
5. 选择菜单"文件">"打开"，双击文件夹 Lessons\Lesson08 中的文件 08Landscape.psd。

08Landscape.psd 是一幅风景图像，你将把它用作宇宙飞船的背景。

6. 选择菜单"窗口">"排列">"双联垂直"，以便能够同时看到文件 08Working.psd 和 08Landscape.psd。单击 08Working.psd 使其处于活动状态。
7. 选择移动工具（📥），将宇宙飞船从 08Working.psd 的图像窗口拖曳到 0808Landscape.psd 的图像窗口，使宇宙飞船出现在风景上方，如图 8.22 所示。

图8.22

8. 关闭图像 08Working.psd 但不保存所做的修改，让文件 08Landscape.psd 处于打开和活动状态。

下面在招贴画背景中更准确地放置宇宙飞船。

9. 在图层面板中选择图层 Spaceship，再选择菜单"编辑">"自由变换"。

宇宙飞船周围将出现一个定界框。

10. 将鼠标指向定界框的任意一个角上的手柄，等鼠标变成旋转图标（↱）后拖曳以旋转宇宙飞船，直到宇宙飞船的倾斜角度为 -12° 左右。要精确地旋转宇宙飞船，可在选项栏的"旋转"文本框中输入值。对结果满意后按回车键。

Ps | 注意：如果不小心扭曲而不是旋转了宇宙飞船，按 Esc 键并重新开始。

11. 确保仍选择了图层 Spaceship，再使用移动工具拖曳宇宙飞船使其看起来像是从大地上腾空而起，如图 8.23 所示。

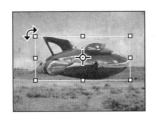 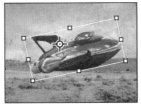 

图8.23

12. 选择"文件">"存储为"，将文件重命名为 08B_Working.psd，并单击"保存"按钮。在出现的"Photoshop 格式选项"对话框中，单击"确定"按钮。

8.5 为背景创建矢量对象

很多招贴画都被设计成可缩放，同时保留其犀利的外观。这是矢量形状的用武之地。接下来你将使用路径来创建矢量形状，并使用蒙版来控制哪些内容将出现在招贴画中。由于这些形状是矢量，因此以后修订时可以缩放它们，而不会丢失细节或降低质量。

8.5.1 绘制可缩放的形状

首先为招贴画背景创建一个白色的肾状对象。

1. 选择"视图">"标尺"以显示水平和垂直标尺。

2. 拖曳路径面板的标签，将该面板拖出图层面板组使其独立地浮动，如图 8.24 所示。由于在本节中，你将频繁地使用图层面板和路径面板，因此将它们分开将更方便。

图8.24

3. 在图层面板中，通过单击眼睛图标隐藏除 Retro Shape Guide 和 Background 外的所有图层。然后，选择图层 Background 使其处于活动状态，如图 8.25 所示。

图8.25

图层 Retro Shape Guide 将用作绘制肾型形状的模板。

4. 在工具面板中选择钢笔工具（  ）。

5. 在选项栏中，从下拉列表中选择"形状"，再单击填充色并将其
   设置为白色，如图 8.26 所示。

图8.26

6. 按下述方式通过单击和拖曳创建一个形状：

• 单击点 A 并拖曳出一条到点 B 的方向线，再松开鼠标。

• 单击点 C 并拖曳出一条到点 D 的方向线，再松开鼠标。

• 继续按上述方式绘制环绕该形状的曲线，直到到达点 A，然后在点 A 上单击以闭合路径，
  如图 8.27 所示。如果形状反转，请不要担心，当你继续绘制时形状就会变得正确。

> **Ps** **注意**：如果有困难，请再次打开宇宙飞船图像，练习绘制环绕宇宙飞船的路径，
> 直到能够得心应手地绘制弯曲的路径段。另外，请务必阅读本课前面的"使用钢
> 笔工具创建路径"。

  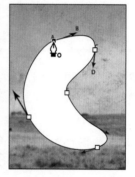

图8.27

当你绘制路径时，Photoshop 将自动在图层面板中创建一个名为"形状 1"的新图层，它位于
活动图层（Background 图层）的上方。

7. 双击图层"形状 1"，将其重命名为 Retro Shape 并按回车键，如图 8.28 所示。

图8.28

8. 在图层面板中，隐藏图层 Retro Shape Guide。

8.5.2 取消选择路径

选择矢量工具后，为看到选项栏中合适的选项，可能需要取消选择路径。另外，取消选择路径径也有助于查看选择了路径时被遮住的效果。

注意到白色肾形形状和背景之间的边界呈木纹状。你看到的实际上是路径本身，它是不可打印的。这表明图层 Retro Shape 仍被选中。执行后面的处理前，确保取消选择了所有路径。

1. 在路径面板中，单击路径下方的空白区域，以取消选择所有路径。

2. 选择菜单"文件" > "存储"保存所做的工作。

8.5.3 修改形状图层的填充色

为方便查看，你创建形状时用白色
填充，但将根据这张招贴画的需求将填
充色改为蓝色。

1. 如果当前选择的不是钢笔工具，
在工具面板中选择它。

2. 在选项栏中，单击填充色，并
选择"浅青蓝"。

形状的填充色将改为你选择的蓝
色，如图 8.29 所示。

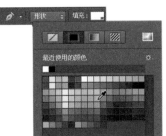

图8.29

8.5.4 从形状图层中剔除形状

创建形状图层（矢量图图形）后，可通过设置选项从矢量图形图中剔除新建的形状。还可使用路径选择工具和直接选择工具移动形状和编辑形状以及调整其大小。下面从肾型形状中剔除一个星形形状，让太空背景显示出来。为帮助放置星形形状，将参考创建好的图层 Star Guide，当前该图层被隐藏。

1. 在图层面板中，显示图层 Star Guide，但确保仍选择了图层 Retro Shape。现在可在图像窗口中看到图层 Star Guide 了，如图 8.30
所示。

2. 在路径面板中，选择"Retro Shape 形状路径"。

3. 在工具面板中，选择隐藏在矩形工具（▭）后面的多边形工具（⬠）。

4. 在选项栏中做如下设置（如图 8.31 所示）。

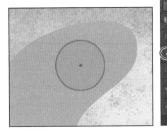

图8.30

• 在文本框"边"中输入 11。

• 从"路径操作"下拉列表中选择"减去顶层形状"（▱），鼠标将变成带小减号的十字（＋）。

- 单击"边"左边的设置图标打开"多边形选项"。选中复选框"星形"，并在文本框"缩进边依据"中输入 50%，再在"多边形选项"窗口外面单击以关闭它。

图8.31

5. 将鼠标指向图像窗口中橙色圆圈中央的橙色点，再单击并向外拖曳直到星形射线的顶点接触到圆周。

> **Ps** **注意**：拖曳鼠标时，可通过向左右拖曳来旋转星形。

松开鼠标后，星形变成镂空的，让天空显示出来，如图 8.32 所示。

图8.32

注意到星形的边缘呈颗粒状，这表明该形状被选中。该形状被选中的另一个标志是，在路径面板中选择了"Retro Shape 形状路径"，如图 8.33 所示。

6. 在图层面板中，隐藏图层 Star Guide。

注意到在图层面板和路径面板中，肾形形状都被镂空了一个星形形状，如图 8.33 所示。

7. 在路径面板中，单击路径下方的空白区域，以取消选择路径。

图8.33

取消选择路径后，颗粒状路径线不见了，留下的是蓝色和天空区域间犀利的边缘。另外，在路径面板中，路径"Retro Shape 形状路径"不再呈高亮显示。这个形状太亮了，其吸引力可能压过宇宙飞船。下面将这个形状变成半透明的。

8. 在图层面板中，将图层 Retro Shape 的不透明度降低到 40%，如图 8.34 所示。

图8.34

9. 选择菜单"文件">"存储"保存所做的工作。

8.6 使用自定形状

在作品中使用形状的另一种方法是绘制自定（预设）形状。为此，只需选择自定形状工具，从自定形状选择器中选择一种形状，再在图像窗口中绘制即可。下面在玩具店招贴画的背景中添加棋盘图案。

1. 在图层面板中，确保选择了图层 Retro Shape，然后单击"创建新图层"按钮（）在该图层上面添加一个图层。将新图层重命名为 Pattern 并按回车键。

2. 在工具面板中选择自定形状工具（　），它隐藏在多边形工具（　）的后面。

3. 在选项栏中，从"工具模式"下拉列表中选择"像素"，如图 8.35 所示。

4. 在选项栏中，单击"形状"右边的箭头打开自定形状选择器。

图8.35

> **Ps** **注意**：选项栏中显示的选项随指定的工具模式而异。在"形状"模式下，可在选项栏中选择填充或描边，而在"像素"模式下，没有这些选项。

5. 双击自定形状选择器右下角的棋盘形状预设（可能需要滚动或拖曳选择器的角才能看到它），以选择它并关闭形状选择器。

6. 确保前景色为白色，再按住 Shift 键并在图像窗口中向斜下方拖曳，以绘制该形状并指定其大小（使其大约为 2 英寸见方）。

按住 Shift 键可确保形状的长宽比保持不变。

7. 添加 5 个大小不同的棋盘，招贴画类似于图 8.36 所示。

8. 在图层面板中，将图层 Pattern 的不透明度降低到 75%，如图 8.37 所示。

图8.36   图8.37

9. 在图层面板中，显示图层 Spaceship 以查看整幅合成图像，如图 8.38 所示。

下面使用自定形状工具在背景中添加几束小草。在"形状"模式下，可对形状进行描边和填充。

10. 在依然选择了自定形状工具的情况下，打开自定形状选择器，并双击草束形状（名为"草 2"）。

11. 从"工具模式"下拉列表中选择"形状"。然后，将填充色设置为"黑黄绿"，将描边色设置为"深黑绿青"，并将描边宽度设置为 0.75 点。

图8.38

12. 在背景左下角绘制 4 个草束，再在右下角绘制一束，并在绘制时按住 Shift 键，如图 8.39 所示。

图8.39

绘制时按住 Shift 键可确保所有形状都位于同一个图层中。

13. 在工具面板中选择路径选择工具，再按住 Shift 键并选择全部五束小草。

> **Ps** 提示：如果草束位于不同的图层，说明你绘制时没有按住 Shift 键。在这种情况下，可删除这些草束，再重复第 12 ~ 13 步。

14. 在选项栏中，从"路径对齐方式"菜单中选择"按宽度均匀分布"。

Photoshop 将让草束在背景底部均匀地分布。

15. 将图层"形状 1"重命名为 Grass，将其不透明度改为 60%，并将该图层拖曳到 Background 图层上方，如图 8.40 所示。

16. 取消选择图层，再选择"文件">"存储"保存所做的工作。

图8.40

8.7 导入智能对象

智能对象是用户可在 Photoshop 中以非破坏性方式编辑的图层，也就是说，对图像所做的修改仍可以编辑，且不会影响保留的实际图像像素。无论如何缩放、旋转、扭曲或变换智能对象，它都将保持其犀利、精确的边缘。

用户可以将 Adobe Illustrator 中的矢量对象作为智能对象导入。如果用户在 Illustrator 中编辑原始对象，所做的修改将反映到 Photoshop 图像文件中相应的智能对象中。下面将在 Illustrator 中创建的文本放到玩具商店招贴画中，以更深入地学习智能对象。

8.7.1 添加玩具店名称

玩具店的名称是在 Illustrator 中创建的，下面将其加入招贴画中。

1. 在工具面板中选择移动工具，然后选择图层 Spaceship，再选择菜单"文件">"置入"。切换到文件夹 Lessons\Lesson08，选择文件 Title.ai 并单击"置入"按钮。在出现的"置入 PDF"对话框中单击"确定"按钮。

文本 Retro Toys 将加入合成图像的中央，文本周围是一个包含可调整手柄的定界框。在图层面板中出现了一个名为 Title 的新图层。

2. 将对象 Retro Toys 拖曳到招贴画的左上角，然后按住 Shift 键并拖曳某个角，按原来的长宽比扩大该文本对象，使其大小与招贴画的上半部分相称，如图 8.41 所示。完成后按回车键或单击选项栏中的"提交变换"按钮（✔）。

图8.41

提交变换后，图层缩览图将发生变化，指出图层 Title 是一个智能对象，如图 8.41 所示。

与其他形状图层和智能对象一样，如果你愿意，可继续编辑其大小和形状。为此，只需选择其所在的图层，并选择"编辑">"自由变换"，然后通过拖曳控制手柄调整大小和形状。也可选择移动工具（ ），然后在选项栏中选中复选框"显示变换控件"，再通过拖曳手柄进行调整。

8.7.2 给智能对象添加矢量蒙版

为创建一种有趣的效果，下面将把标题中每个字母 O 的中心都变成一个星形，这与前面创建的镂空相匹配。你将使用一个矢量蒙版，在 Photoshop CS6 中，可将矢量蒙版与智能对象链接起来。

图8.42

1. 选择图层 Title，再选择菜单"图层">"矢量蒙版">"显示全部"，如图 8.42 所示。

2. 选择多边形工具（ ），它隐藏在自定形状工具（ ）后面。前面创建星形使用的选项应该还管用：11 边星形；缩进边依据为 50%。多边形工具保留这些设置，直到用户修改它们为止。

3. 在选项栏中，从"工具模式"下拉列表中选择"路径"，确保依然从"路径操作"下拉列表中选择了"减去顶层形状"。然后选择图层 Title 的矢量蒙版缩览图。

4. 在标题 TOYZ 中的字母 O 的中央单击，然后向外拖曳鼠标，直到星形覆盖了 O 的内部。

5. 重复第 4 步，在标题 RETRO 中的字母 O 中也添加一个星形，如图 8.43 所示。

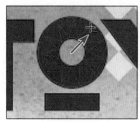

图8.43

8.7.3 旋转画布

前面处理图像时，标题总是位于工作区顶部，而大地位于工作区底部。如果你的视频卡支持 OpenGL，可旋转工作区以便在不同透视下绘制对象、输入文字或调整对象位置。下面沿图像边缘添加版权信息时将旋转视图。如果你的视频卡不支持 OpenGL，请跳过本节。

首先输入文本。

1. 选择菜单"窗口">"字符"打开字符面板，再选择一种衬线字体，如 Myriad Pro，将文本大小设置为 10 点，并将颜色设置为白色，如图 8.44 所示。

2. 选择横排文字工具，在图像的左下角单击并输入文本 Copyright YOUR NAME Productions（用你的姓名替换其中的 YOUR NAME），如图 8.44 所示。

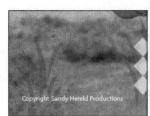

图8.44

你希望版权信息出现在图像的左边缘，下面将旋转画布以便更容易放置它。

3. 选择隐藏在抓手工具（🖐）后面的旋转视图工具（🔄）。

4. 拖曳鼠标将画布沿顺时针旋转 90 度，拖曳时按住 Shift 键。通过按住 Shift 键，将只能旋转 45° 的整数倍，如图 8.45 所示。

图8.45

Ps 提示：也可在选项栏中的"旋转角度"文本框中直接输入数值。

---

5. 选择文字图层 Copyright，然后选择菜单"编辑">"变换">"旋转 90°（逆时针）"。

6. 使用移动工具移动文本，使其位于图像的上边缘，如图 8.46 所示。复位视图后，这些文本将位于图像的左边缘。

7. 再次选择旋转视图工具，并单击选项栏中的"复位视图"按钮。

8. 选择菜单"文件">"存储"保存所做的修改。

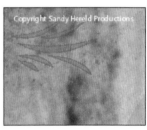

图8.46

8.7.4 扫尾工作

作为最后一步，下面清理图层面板：将帮助用户绘制路径的模板图层删除。

1. 在图层面板中，确保只有图层 Copyright、Title、Spaceship、Pattern、Retro Shape 和 Background 可见。

图8.47

2. 从图层面板菜单中选择"删除隐藏图层"，如图 8.47 所示。然后在系统确认是否要执行该操作时单击按钮"是"。

3. 选择"文件">"存储"保存所做的工作。

恭喜你完成了该招贴画！它应类似于图 8.48。

图8.48

复习

复习题

1. 作为选取工具，钢笔工具有何用途？
2. 位图图像和矢量图形之间有何不同？
3. 何为形状图层？
4. 可以使用哪些工具来移动路径和形状以及调整它们的大小？
5. 智能对象是什么？使用它们有何优点？

复习题答案

1. 如果需要创建复杂的选区，使用钢笔工具来绘制路径，然后将路径转换为选区可能更容易。
2. 位图（光栅）图像是基于像素网格的，适合用于连续调图像，如照片或使用绘画程序创建的作品。矢量图形由基于数学表达式的形状组成，适合用于插图、文字以及要求清晰、平滑线条的图形。
3. 形状图层是包含形状（包括填充和描边）、像素或路径的矢量图层。
4. 使用路径选择工具和直接选择工具移动和编辑形状及调整其大小。另外，还可通过选择菜单"编辑" > "自由变换"来修改和缩放形状和路径。
5. 智能对象是矢量对象，可置入 Photoshop 中并在其中对其进行编辑，而不会降低其质量。无论如何缩放、旋转、扭曲或变换智能对象，它都将保持其犀利、精确的边缘。使用智能对象的一个优点是，可以在创作程序（如 Illustrator）中编辑原始对象，所做的修改将在 Photoshop 图像文件中置入的智能对象中反映出来。

第9课 高级合成技术

在本课中，读者将学习以下内容：

- 添加参考线以帮助准确地放置和对齐图像；

- 保存选区以及将它们作为蒙版载入；

- 只对图像中未被遮住的区域应用颜色效果；

- 对选区应用滤镜以创建各种效果；

- 添加图层样式以创建可编辑的特殊效果；

- 记录并播放动作以自动完成一系列步骤；

- 混合图像以创建全景画。

 本课需要大约 90 分钟。如果还没有将文件夹 Lesson09 复制到硬盘中，请现在就这样做。在学习过程中，请保留初始文件；如果需要恢复初始文件，只需从配套光盘中再次复制它们即可。

使用 Photoshop 中的各种滤镜，可将普通
图像转换成非凡的数字作品。可使用对图像进
行模糊、扭曲、锐化或碎片化的滤镜，也可选
择模拟传统艺术形式（如水彩画）的滤镜，还
可使用调整图层和绘画模式来改变作品的外观。

9.1 概　述

在本课中，读者将创建在华盛顿特区度假的纪念品。读者将收集一些照片将它们合成起来制成明信片，再将一些图像混合成全景图像以创建海报。首先查看最终的文件以了解需要完成的工作。

1. 启动 Photoshop 并立刻按下 Ctrl + Alt + Shift（Windows）或 Command + Option + Shift 快捷键（Mac OS）以恢复默认首选项（参见前言中的"恢复默认首选项"）。

2. 出现提示对话框时，单击"是"确认要删除 Adobe Photoshop 设置文件。

3. 单击应用程序窗口底部的 Mini Bridge 标签打开 Mini Bridge 面板。如果 Bridge 没有在后台运行，单击"启动 Bridge"按钮。

4. 在 Mini Bridge 面板中，从左边的下拉列表中选择"收藏夹"，再依次双击文件夹 Lessons 和 Lesson09。

5. 查看文件 09A_End.psd 的缩览图，再按空格在全屏模式下查看。

该文件是一幅包括 4 张照片的明信片，对其中每张照片都应用了特定的滤镜或效果。

6. 按空格键返回 Photoshop，再单击文件 09B_End.psd 的缩览图，并按空格键在全屏模式下查看。

该文件是一幅包含全景图像和文本的海报。下面首先创建明信片。

7. 按空格键返回 Photoshop，然后双击文件 09A_Start.jpg 的缩览图，在 Photoshop 中打开它，如图 9.1 所示。

图9.1

9.2 建立四图组合画

这个明信片是四幅不同图像的组合画。读者将裁剪每幅图像，再把它们作为独立的图层添加到合成图像中。使用参考线可轻松地准确对齐图像。在对图像进行其他修改前，将在其中添加文本并对其应用效果。

9.2.1 打开并裁剪图像

要添加到合成图像中的图像比需要的大，因此在合并前先进行裁剪。裁剪图像需要一定的审美意识，即判断在哪里裁剪以及裁剪多少。文件 09A_Start.jpg 已经打开，因此从它开始。

1. 选择裁剪工具（ ）。在选项栏中，从"长宽比预设"下拉列表中选择"大小和分辨率"。在"裁剪图像大小和分辨率"对话框中，将"宽度"和"高度"都设置为 500 像素，将"分辨率"设置为 300 像素 / 英寸，再单击"确定"按钮，如图 9.2 所示。

图9.2

Ps 提示：确保输入的是 500 像素，而不是 500 英寸。

裁剪框的尺寸将固定为 500×500 像素。

图9.3

2. 调整裁剪框的位置和大小，使史密森学会（Smithsonian Institution）位于裁剪框中央，如图 9.3 所示。如果必要，可使用键盘上的左右箭头键将裁剪框微移到合适的位置。

3. 对裁剪框满意后，在选项栏中选中复选框"删除裁剪的像素"，再按回车键进行裁剪。

由于要处理多幅图像，因此，给文件 09A_Start.jpg 指定一个描述性名称以方便识别。另外，将该文件以 Photoshop 格式存储，因为每次编辑并存储 JPEG 文件时，都将降低其图像质量。

4. 选择菜单"文件">"存储为"，将"格式"设置为"Photoshop"，将裁剪后的图像命名为 Museum.psd，确保当前位于文件夹 Lesson09，再单击"保存"按钮。

5. 在 Mini Bridge 面板中，双击文件 Capitol_Building.jpg，再双击 Washington_Monument.jpg。这些图像将在 Photoshop 中打开，每幅图像都位于独立的选项卡中。

6. 选择文件 Washington_Monument.jpg，再选择菜单"文件">"存储为"。将"格式"设置为"Photoshop"，将文件重命名为 Monument.psd，再单击"保存"按钮。

7. 选择文件 Capitol_Building.jpg，然后选择菜单"文件">"存储为"。将"格式"设置为"Photoshop"，将该文件重命名为 Capitol.psd，再单击"保存"按钮。

8. 重复第 1 ~ 3 步裁剪图像 Capitol.psd 和 Monument.psd，并存储它们。

裁剪后的图像如图 9.4 所示。

9. 在 Mini Bridge 面板中，双击文件 Background.jpg，在 Photoshop 中打开它，如图 9.5 所示。

图9.4   图9.5

10. 选择移动工具，以隐藏裁剪框。

11. 选择菜单"文件">"存储为"，将"格式"设置为"Photoshop"，将该文件重命名为 09A_Working.psd，再单击"保存"按钮。双击标签 Mini Bridge 关闭该面板，但这 4 个文件打开供后面使用。

9.2.2 使用参考线定位图像

参考线是不会打印的线条，可帮助用户垂直或水平对齐文档中的元素。通过选择"对齐到"命令，可使参考线像磁铁：将对象拖曳到参考线附近并松开鼠标时，对象将与参考线对齐。下面在用作合成图像背景的图像中添加参考线。

1. 选择菜单"视图">"标尺"，图像窗口的顶端和左边将出现标尺。

> **Ps** 提示：如果标尺的单位不是英寸，在标尺上单击鼠标右键或按住Control键并单击，再从上下文菜单中选择"英寸"。

2. 选择菜单"窗口">"信息"打开信息面板。

3. 从水平标尺拖曳出一条参考线，将其拖曳到图像中央，当信息面板中的Y值为3.000英寸时松开鼠标，如图9.6所示。图像中将出现一条蓝色参考线。

4. 从垂直标尺拖曳出一条参考线，当X值为3.000英寸时松开鼠标。

图9.6

> **Ps** 提示：如果需要调整参考线的位置，可使用移动工具。要精确地放置参考线，可能需要放大图像。

5. 选择菜单"视图">"对齐到"，并确保选中了"参考线"。

6. 从垂直标尺再拖曳出一条参考线到图像中央，如图9.7所示。即使松开鼠标的位置稍微偏离中点，参考线也将它准确地对齐到图像中央。

7. 选择菜单"窗口">"排列">"四联"，4幅图像都将可见，且每幅图像都在独立的窗口中。

8. 选择移动工具（ ），再将图像Museum.psd拖曳到图像09A_Working.psd中。在图像09A_Working.psd中，图像Museum.psd位于独立的图层中。

9. 将图像Monument.psd和Capitol.psd拖曳到图像09A_Working.psd中。

图9.7

10. 关闭文件Monument.psd、Capitol.psd和Museum.psd，但不保存所做的修改。

11. 在图层面板中，根据图像将图层分别重命名：Museum、Monument和Capitol。如果读者按上述顺序拖曳图像，将"图层1"重命名为Museum，将"图层2"重命名为Monument，将"图层3"重命名为Capitol。

12. 单击图层面板底部的"创建新组"按钮，并将图层组命名为Montage images。

13. 将图层Capitol、Monument和Museum拖曳到图层组Montage images中，如图9.8所示。

14. 选择图层Monument，再选择工具面板中的移动工具（ ）。将图层Monument移到画布中央，使其上边缘与水平参考线对齐。

15. 选择图层Capitol，将其拖曳到纪念碑图像左边，使其上边缘与

图9.8

水平参考线对齐，且两边的空白区域大致相等。对图层 Museum 执行同样的操作，但将它放到纪念碑图右边。

图9.9

16. 选择菜单"视图">"显示">"参考线"隐藏参考线，然后选择菜单"视图">"标尺"隐藏标尺。结果如图 9.9 所示。

17. 选择菜单"文件">"存储"保存所做的工作。如果出现"Photoshop 格式选项"对话框，单击"确定"按钮。

附加练习

虽然使用位于中央的参考线可轻松地将这些图像对齐，但使用智能参考线可更精确地对齐照片和对象。使用前一节完成后的工作文件，可以尝试以另一种方式来对齐这些照片。读者也可接着往下阅读，以后再尝试使用这种技术。

1. 在图层面板中选择图层 Museum，使用移动工具拖曳使其不再对齐。

2. 选择"视图">"显示">"智能参考线"。

3. 使用移动工具在图像窗口中拖曳博物馆图像，使其上边缘与纪念碑图像的上边缘对齐，如图 9.10 所示。

图9.10

4. 选择菜单"视图">"显示">"智能参考线"，以隐藏智能参考线。

9.2.3 在合成图像中添加文字

下面将在明信片中添加文字，再对其应用一些效果。

1. 选择"背景"图层，以便在它上面添加文字图层。

2. 选择横排文字工具（ T ），再在天空区域单击并输入 Greetings From，然后单击选项栏中的"提交所有当前编辑"按钮，Photoshop 将创建一个新的文字图层。

3. 在选择了文字图层 Greetings From 的情况下，选择菜单"窗口">"字符"，并在字符面板中做如下设置。

• 字体：Chapparal Pro。

• 字体样式：Regular。

- 字号：36 点。
- 字符间距：220。
- 将颜色设置为红色。
- 按下"全部大写字母"按钮（**TT**）。
- 消除锯齿方法：平滑。

4. 选择移动工具（▶+），再将文本移到画布顶端中央，如图 9.11 所示。虽然参考线被隐藏，但文字将对齐到位于中央的参考线，这是因为仍选中了"对齐到">"参考线"。

5. 再次选择文字工具，在画布上单击并输入 Washington, D.C.，然后单击"提交所有当前编辑"按钮。

对于新文本，Photoshop 将使用字符面板中的当前设置。

6. 在字符面板中做如下设置。

- 字体：Myriad Pro。
- 字体样式：Bold。
- 字号：48 点。
- 字符间距：0。
- 颜色：白色。

- 保留按钮"全部大写字母"被按下，并保留消除锯齿方法"平滑"。

7. 使用移动工具将文本 Washington, D.C. 拖曳到画布中央，且位于文本 Greetings From 的正下方，如图 9.12 所示。

8. 在图层面板中选择图层 Greetings From，单击图层面板底部的"添加图层样式"（*fx.*）按钮并选择"外发光"。

9. 在"图层样式"对话框的"外发光"部分做如下设置（如图 9.13 所示）。

- 混合模式：滤色。
- 不透明度：40%。
- 颜色：白色。
- 扩展：14%。
- 大小：40 像素。

10. 单击"确定"应用图层样式，结果如图 9.14 所示。

图9.11

图9.12

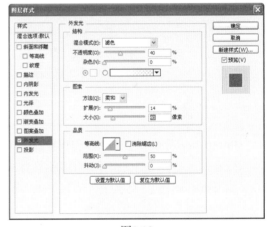

图9.13

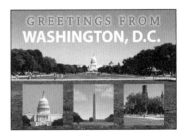

图9.14

11. 在工具面板中，单击前景色色板，从"拾色器（前景色）"中选择红色，再单击"确定"按钮，结果如图 9.15 所示。

图9.15

下面使用前景色在文本 Washington, D.C. 中创建条纹。

12. 选择文字图层 Washington, D.C.，单击"添加图层样式"按钮（ *fx.* ）并选择"渐变叠加"。

13. 在"图层样式"对话框的"渐变叠加"部分，单击"渐变"色块旁边的箭头，打开渐变下拉列表并选择红色和透明相间的渐变（倒数第二个），如图 9.16 所示。其他设置使用默认值。

图9.16

14. 单击对话框左边的"投影"给文本添加另一种效果。在对话框的"投影"部分，将"不透明度"设置为 45%，"距离"设置为 9 像素，如图 9.17 所示。保留其他设置不变。

15. 单击"确定"应用效果（结果如图 9.18 所示）并关闭"图层样式"对话框，再选择菜单"文件"＞"存储"保存所做的工作。

图9.17 图9.18

9.3 应用滤镜

Photoshop 提供了很多用于创建特殊效果的滤镜，因此学习它们的最好方法是尝试不同的滤镜和滤镜选项。可使用"滤镜库"预览对图像应用滤镜后的效果而不提交滤镜操作。

本书前面使用过一些滤镜，在本节中，读者将给博物馆图像应用绘图笔滤镜以创建手绘素描效果。

提高滤镜的性能

有些滤镜效果是内存密集型的，尤其是应用于高分辨率图像时。可使用下面的方法提高性能。

- 在图像中很小的区域上尝试滤镜和设置。
- 如果图像非常大且内存有限，则将效果应用于通道，如每个 RGB 通道。对于有些滤镜，应用于各个通道而不是复合通道时，效果可能不同，尤其是在滤镜随机地修改像素时。

- 使用滤镜前执行"清理"命令（位于菜单"编辑"中）以释放内存。
- 关闭其他应用程序，让 Photoshop 有更多的内存可用。如果读者使用的是 Mac OS，给 Photoshop 分配更多的内存。
- 尝试修改设置以提高内存密集型滤镜（如"光照效果"、"木刻"、"染色玻璃"、"铬黄"、"波纹"、"喷溅"、"喷色描边"和"玻璃"）的速度。例如，对于"染色玻璃"滤镜，可增大单元格大小；对于"木刻"滤镜，可增大"边简化度"或减小"边逼真度"或同时更改两者。
- 如果打算在灰度打印机上打印，最好在应用滤镜前将图像的副本转换为灰度图像。然而，如果将滤镜应用于彩色图像，然后再转换为灰度，得到的效果可能与将该滤镜应用于图像的灰度版本不同。

1. 在图层面板中，选择图层 Museum。
2. 在工具面板中，单击"默认的前景色和背景色"按钮（如图 9.19 所示）将前景色设置为黑色。

绘图笔滤镜使用前景色。

3. 选择菜单"滤镜">"滤镜库"。

图9.19

"滤镜库"包括：预览窗口、可用的滤镜列表和选定滤镜的设置。在决定使用什么样的设置前，在该对话框中进行测试滤镜设置。

4. 单击"素描"左边的三角形展开素描部分，然后选择"绘图笔"。图像预览将发生变化，以反映该滤镜的默认值。
5. 在最右边的窗格中，将"明/暗平衡"设置为 25。保留其他设置不变："描边长度"为 15，"描边方向"为"右对角线"。图像预览将更新，如图 9.20 所示。
6. 单击"确定"按钮应用滤镜并关闭"滤镜库"对话框。
7. 选择菜单"文件">"存储"保存所做的工作，结果如图 9.21 所示。

图9.20　　　　　　　　　　　　　　　　　　　　　图9.21

使用滤镜

考虑使用哪种滤镜及其效果时，谨记以下原则。

- 最后使用的滤镜出现在"滤镜"菜单的顶端。
- 滤镜应用于活动的可视图层。
- 不能将滤镜应用于位图模式或索引颜色的图像。
- 有些滤镜只适用于 RGB 图像。
- 有些滤镜是完全在内存中处理的。
- 要在"滤镜库"中应用多个滤镜，单击滤镜列表底部的"新建效果图层"按钮，再选择一种滤镜。
- 有关可用于每通道 16 或 32 位的图像的滤镜完整列表，请参阅 Photoshop 帮助中的"使用滤镜"。
- Photoshop 帮助提供了有关各个滤镜的具体信息。

来自Photoshop布道者的提示

Julieanne Kost是一名Adobe Photoshop官方布道者。

使用滤镜快捷键

使用滤镜时用快捷键可节省时间。

- 要再次应用最后一次使用的滤镜及其设置，按 Ctrl + F（Windows）或 Command + F 快捷键（Mac OS）。
- 要显示最后一次使用的滤镜的对话框，按 Ctrl + Alt + F（Windows）或 Command + Option + F 快捷键（Mac OS）。
- 要减弱最后一次使用的滤镜效果，按 Ctrl + Shift + F（Windows）或 Command + Shift + F 快捷键（Mac OS）。

9.4 手工给选区着色

在彩色摄影技术面世前，艺术家们在黑白图像绘画颜色，通过手工给选区着色可获得相同的效果。在本节中，读者将手工给博物馆图像着色，然后在背景图像的天空中添加星星。

9.4.1 应用着色效果

下面使用不同的画笔给博物馆图像中的天空、草地和建筑物添加颜色，并在着色过程中修改不透明度和混合模式。

1. 按住 Ctrl 或 Command 键，并单击图层面板中图层 Museum 的缩览图，这将选择该图层的内容。

将只能在选区内绘画，因此不必担心画到背景或其他图像上，只要在开始绘画前确保能看到图像周围的选区边界即可。

2. 放大博物馆图像以便看得更清晰。

3. 选择画笔工具（🖌️）。在选项栏中，从画笔下拉列表中选取一支大小为 90 像素硬度为 0% 的画笔，从"模式"下拉列表中选择"变暗"，将画笔的不透明度设置为 20%。

> **Ps** 提示：通过按键盘上的数字键（从 0 到 9）可修改画笔的不透明度，按 1 可将不透明度设置为 10%，按 9 将其设置为 90%，而按 0 将其设置为 100%。

4. 单击工具面板中的前景色色板，并选择一种亮蓝色（不要太浅）。下面使用这种颜色在天空中绘画。

5. 在博物馆图像的天空中绘画，如图 9.22 所示。由于不透明度被设置为 20%，读者可在相同的区域重复绘画使其颜色加深。在边界附近绘画时不用担心，不会画到图像边界的外面。绘画时可修改画笔的大小和不透明度，例如，在树枝之间绘画时，可能需要使用小型画笔。如果画错了，按 Ctrl + Z（Windows）或 Command + Z 快捷键（Mac OS）撤销它。但请记住，这里追求的是一种手绘效果，不需要太完美。

图9.22

> **Ps** 提示：绘画时按键盘上的中括号键可修改画笔大小，左中括号键（[）可缩小画笔，右中括号键（]）可增大画笔。

6. 以同样的方式在树木和草地上绘画。将前景色改为绿色，使用 70 像素的柔角画笔，将模式设置为"变暗"，并将不透明度设置为 80%。可在黑色素描区域绘画，但只有白色区域显示出较浓的颜色，如图 9.23 所示。

图9.23

> **提示**：手工给图像着色时，从背景开始，以便能够在遗漏的地方重新着色。

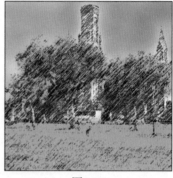

7. 接下来，使用深红色在博物馆正面绘画。首先选择一支 40 像素的画笔，将模式设置为“变亮”，将不透明度设置为 80%，如图 9.24 所示。

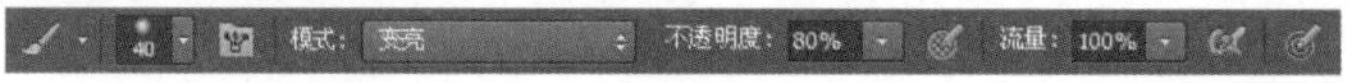

图9.24

使用“变亮”模式将只影响黑色线条，而不影响白色区域。

8. 对绘画效果满意后，选择菜单“选择”>“取消选择”取消选择图像，然后选择菜单“文件”>“存储”保存所做的工作。结果如图 9.25 所示。

图9.25

9.4.2 存储选区

为使用手绘的星星填充背景天空，需要存储包含天空的选区。首先，将背景图像存储为智能对象，以便后面可对其应用智能滤镜。

1. 在图层面板中，将图层组 Montage images 折叠起来，让图层面板更整洁。在“背景”图层上单击鼠标右键（Windows）或按住 Control 键并单击（Mac OS），再选择“转换为智能对象”。“背景”图层位于图层栈的底部。

图层名变成了“图层 2”，如图 9.26 所示。图层缩览图中出现了一个图标，这表明该图层现在是智能对象图层。智能滤镜以非破坏方式应用于智能对象图层，让用户以后可以编辑它们。

2. 将“图层 2”重命名为 Capitol and Mall。
3. 双击图层 Capitol and Mall 的图像缩览图，在出现的对话框中单击“确定”按钮。

该智能对象将在独立的窗口中打开，可对其进行编辑而不影响其他对象。

4. 选择快速选择工具（ ），并使用它选择天空，如图 9.27 所示。如果需要将区域从选区中减去，可单击选项栏中的“从选区中减去”按钮，然后单击要删除的区域。选区不用太完美。

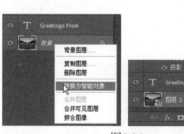

图9.26

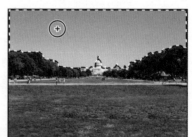

图9.27

有关使用快速选择工具和其他选取工具的信息，请参阅第 3 课。

5. 在仍选择了天空的情况下，单击选项栏中的“调整边缘”按钮。在“调整边缘”对话框中，做如下设置（如图 9.28 所示）并单击"确定"按钮。

- 平滑：25。
- 羽化：30。
- 移动边缘：-20。

这些设置将羽化天际线，让选区边缘更平滑。

6. 选择菜单"选择"＞"存储选区"。在"存储选区"对话框中，将选区命名为 Sky，并单击"确定"按钮，如图 9.29 所示。

图9.28

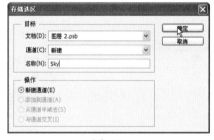

图9.29

7. 选择菜单"选择"＞"取消选择"。

9.4.3　使用特效画笔绘画

下面使用星形画笔在刚选择的天空中添加星星。

1. 按 D 键恢复默认的前景色和背景色，然后按 X 键切换前景色和背景色，从而将前景色设置为白色，如图 9.30 所示。

你将在天空中绘画白色星星，因此需要将前景色设置为白色。

图9.30

2. 选择画笔工具（　），在选项栏中，打开"画笔预设"选择器。

3. 从右上角的选项菜单中选择"混合画笔"，如图 9.31 所示。在出现的对话框中单击"追加"按钮，如图 9.32 所示。

图9.31　　　　　　　　　图9.32

你将使用一种星形画笔，它位于"混合画笔"集中。

4. 在"画笔预设"选择器中向下滚动并选择星形画笔。将画笔增大到 300 像素，从"模式"下拉列表中选择"正常"，并将"不透明度"设置为 100%，如图 9.33 所示。

图9.33

设置画笔后，需要载入存储的选区。

5. 选择菜单"选择">"载入选区"。在"载入选区"对话框中，从"通道"下拉列表中选择 Sky，然后单击"确定"按钮，如图 9.34 所示。

6. 在图层面板中，单击"创建新图层"按钮，再将新建的图层重命名为 Paint。

7. 通过单击在天空中绘制星星，如图 9.35 所示。可在选区边缘绘画，因为绘画只影响选区内部，只需确保选区是活动的。

图9.34   图9.35

> **Ps** 注意：如果要重新开始，只需删除图层 Paint 并创建一个新图层。要删除图层，将其拖曳到图层面板底部的"删除图层"按钮上即可。

8. 对星星的排列满意后，在图层面板中将图层 Paint 的不透明度改为 50%，然后从"混合模式"下拉列表中选择"叠加"，如图 9.36 所示。

9. 选择菜单"文件">"存储"，然后关闭智能对象。返回图像 09A_Working.psd 后，选择菜单"视图">"按屏幕大小缩放"以便能够看到整张明信片，如图 9.37 所示。

图9.36   图9.37

星星已添加到明信片中了。通过在图层面板中双击图像缩览图打开智能对象，可随时编辑这些星星。

10. 选择菜单"文件">"存储"保存所做的工作。

9.5 应用智能滤镜

不像常规滤镜那样永久性修改图像，智能滤镜是非破坏性的：可调整、启用 / 停用和删除它们。然而，这种滤镜只能应用于智能对象图层。

前面将图层 Capitol and Mall 转换成了智能对象图层，下面给该图层应用一些智能滤镜，再添加一些图层样式。

1. 在图层面板中选择图层 Capitol and Mall，再选择菜单"滤镜">"滤镜库"，Photoshop 将打开"滤镜库"。

2. 在"滤镜库"中，展开"艺术效果"，再选择"木刻"。"木刻"滤镜使得图像像是使用彩纸剪出来的。

3. 在对话框的右边，将"色阶数"增加到 8，保留"边缘简化度"为 4，将"边缘逼真度"降低到 3，再单击"确定"按钮，如图 9.38 所示。

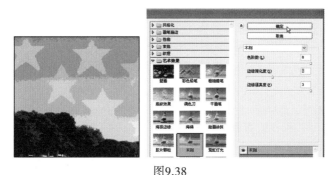

图9.38

在图层面板中，在智能对象图层下方将出现对其应用的智能滤镜。对于应用了滤镜效果的图层，其图层名右边有个图标。

4. 在图层面板中，双击"滤镜库"再次打开"滤镜库"。单击已应用的滤镜列表底部的"新建效果图层"按钮（ ），再选择任何一种滤镜。尝试设置直到满意为止，但不要单击"确定"按钮。

这里从"艺术效果"文件夹中选择"胶片颗粒"，并使用如下设置："颗粒"设置为 2，"高光区域"设置为 6，"强度"设置为 1，如图 9.39 所示。

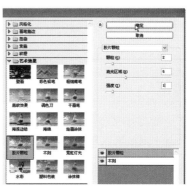

图9.39

可混合使用多种智能滤镜，还可将其启用
或停用。

5. 在"滤镜库"中已应用的滤镜列表中，
将"木刻"滤镜拖曳到应用的第二个滤
镜（胶片颗粒）的上面，以查看效果变
化，如图 9.40 所示。单击"确定"按
钮关闭"滤镜库"。

图9.40

应用滤镜的顺序不同将影响效果。还可在滤镜列表中单击效果名旁边的眼睛图标（）以隐
藏效果。

下面将这些滤镜应用于其他两幅小图像，从而在不手工绘画的情况
下使其获得手绘效果。首先将它们转换为智能对象。

6. 展开图层组 Montage images 并选择图层 Capitol，再选择菜单
"滤镜">"转换为智能滤镜"。在出现的对话框中单击"确定"
按钮。图层 Capitol 变成了智能对象，如图 9.41 所示。

7. 选择图层 Monument，再选择菜单"滤镜">"转换为智能滤镜"
将它也转换为智能对象。

图9.41

8. 选择图层 Capitol，再选择菜单"滤镜">"滤镜库"，并选择一
种喜欢的滤镜。不断尝试直到找到喜欢的效果，然后，单击"确
定"按钮应用该滤镜。

这里选择文件夹"画笔描边"中的"阴影线"滤镜，将"描边长度"设
置为 12，将"锐化程度"设置为 9，将"强度"设置为 1，结果如图 9.42 所
示。

9. 选择图层 Monument，再选择菜单"滤镜">"滤镜库"并选择一
种喜欢的滤镜，然后单击"确定"按钮应用它。

图9.42

几乎可以将任何滤镜（包括第三方滤镜）作为智能滤镜使用，唯一
的例外是抽出、液化、图案生成器和消失点滤镜，因为这些滤镜都需要
修改原始图像像素。除滤镜外，可对智能对象应用"阴影 / 高光"和"变
化"调整。

10. 选择菜单"文件">"存储"保存所做的工作，结果如图 9.43
所示。

图9.43

9.6 添加投影和边框

明信片就要做好了。为使小图像更醒目，下面给它们添加投影，然后给整张明信片添加边框。

1. 选择图层 Capitol，再单击图层面板底部的"添加图层样式"按钮（ *fx.* ）并选择"投影"。

2. 在"图层样式"对话框中，将"不透明度"改为 40%，将"距离"设置为 15 像素，将
"扩展"设置为 9%，将"大小"设置为 9 像素，再单击"确定"按钮，如图 9.44 所示。

3. 在图层面板中，将投影效果从图层 Capitol 拖曳到图层 Monument 上，拖曳时按住 Alt（Windows）或 Option 键（Mac OS），如图 9.45 所示。

图9.44   图9.45

4. 按住 Alt 或 Option 键并将该投影效果拖曳到图层 Museum 上，如图 9.46 所示。

5. 将图层组 Montage images 折叠起来。

下面扩大画布以便给图像添加边框时不会遮住任何图像。

6. 选择菜单"图像">"画布大小"。在"画布大小"对话框中，将"宽度"设置为 7 英寸，将"高度"设置为 5 英寸，再单击"确定"按钮，如图 9.47 所示。

图9.46   图9.47

图像周围将出现一个透明边框。下面将边框改为白色的。

7. 按 D 键将工具面板中的前景色和背景色恢复为默认值，从而将背景色设置为白色。

8. 在图层面板中，单击"创建新图层"按钮（ ），将新图层拖曳到图层栈的最下面，并将其命名为 Border。

9. 在选择了图层 Border 的情况下，选择菜单"选择">"全部"。

10. 选择菜单"编辑">"填充"。在"填充"对话框中，从"使用"下拉列表中选择"背景色"，再单击"确定"按钮，如图 9.48 所示。

图9.48

11. 选择菜单"文件">"存储"存储明信片。

这张明信片可以用于打印和发送了，其大小与美国邮政服务的标准明信片相同。

12. 关闭文件 09A_Working.psd。下面将使用其他文件创建全景画。

9.7　匹配图像的颜色方案

下面将 6 幅图像合并为用于海报的全景画。为确保全景画的连贯性，将匹配目标图像和源图像的主要颜色，使图像的颜色方案协调一致。首先打开将在匹配颜色时用作源图像的文档。

1. 单击标签 Mini Bridge 打开该面板，再双击文件 IMG_1441.psd 将其打开，如图 9.49 所示。在这个文件夹中，有 6 幅编号相连的图像。下面匹配这些文件的颜色。

2. 在 Mini Bridge 面板中，双击文件 IMG_1442.psd 打开它，如图 9.50 所示。

图9.49　　　　　　　　　　　图9.50

在这幅图像中，有些地方曝光过度，因此有点发白。下面使用匹配颜色功能使其颜色与文件文件 IMG_1441.psd 匹配。

3. 在图像 IMG_1442.psd 处于活动状态的情况下，选择菜单"图像">"调整">"匹配颜色"。在"匹配颜色"对话框中执行如下操作（如图 9.51 所示）。

- 如果没有选中复选框"预览"，请选中它。
- 从下拉列表"源"中选择 IMG_1441.psd。
- 从下拉列表"图层"中选择"背景"。可选择源图像的任何图层，但该源图像只有一个图层。
- 尝试设置"明亮度"、"颜色强度"和"渐隐"。
- 找到使图像颜色一致的颜色方案后，单击"确定"按钮。

4. 选择菜单"文件">"存储"保存修改颜色后的图像 IMG_1442.psd。双击标签 Mini Bridge 关闭该面板。

可结合使用匹配颜色功能和任何源文件创建出有趣和不同寻常的效果。匹配颜色功能对校正有些照片的颜色（如皮肤色调）也很有用。该功能还可匹配同一幅图像中不同图层的颜色。更详细的信息请参阅 Photoshop 帮助。

图9.51

9.8 自动化多步任务

动作是一个或多个命令，用户可以记录并播放它，从而将其应用于一个或一批文件。在本节中，读者将使用动作对要合并为全景画的图像进行颜色匹配、锐化和保存。

在 Adobe Photoshop 中，使用动作是多种自动化任务的方法之一。有关如何记录动作的更详细信息，请参阅 Photoshop 帮助。

前面已匹配了一幅图像的颜色，下面使用 USM 锐化滤镜锐化一幅图像并将其存储到一个名为 Ready For Panorama 的新文件夹中。

1. 在 IMG_1442.psd 处于活动状态的情况下，选择菜单"滤镜" > "锐化" > "USM 锐化"。

2. 在"USM 锐化"对话框中，将"半径"改为 1.2，保留其他设置不变并单击"确定"按钮，如图 9.52 所示。

3. 选择菜单"文件" > "存储为"。在"存储为"对话框中，从"格式"下拉列表中选择 TIFF，保留文件名不变，并将其存储到一个名为 Ready For Panorama 的新文件夹中。然后单击"保存"按钮。

4. 在"TIFF 选项"对话框的"图像压缩"部分，选中单选按钮"LZW"，再单击"确定"按钮。

5. 关闭文件 IMG_1442.tif。

图9.52

9.8.1 为记录动作做准备

可以使用动作面板来记录、播放、编辑和删除动作，还可使用它来存储和载入动作文件。首先打开动作面板和要使用的其他文件。

图9.53

1. 选择菜单"窗口">"动作">打开动作面板。
2. 在动作面板中，单击"创建新组"按钮（🗀），将新组命名为 My Actions，并单击"确定"按钮，结果如图 9.53 所示。
3. 选择菜单"文件">"打开"。在"打开"对话框中，切换到文件夹 Lesson09，按住 Shift 键并单击图像 IMG_1443.psd、IMG_1444.psd、IMG_1445.psd 和 IMG_1446.psd，再单击"打开"按钮。

现在，图像窗口中有 5 个选项卡，分别表示当前在 Photoshop 中打开的 5 幅图像。

9.8.2 记录动作

下面将匹配颜色、锐化和保存图像的步骤记录为动作。

> **Ps** **注意**：必须不间断地执行完所有这些步骤。如果要重新开始，可跳到第 8 步停止记录，然后，在动作面板中将动作拖放到"删除"按钮上将其删除。使用历史记录面板可删除打开文件后的所有状态，然后重新从第 1 步开始。

1. 单击标签 IMG_1443.psd，再在动作面板中单击"创建新动作"按钮（▣）。
2. 在"新建动作"对话框中，将动作命名为 color match and sharpen，并确保从下拉列表"组"中选择了 My Actions，再单击"记录"按钮，如图 9.54 所示。

图9.54

不要因为正在记录而着急。务必准确地完成下面的过程，而不必在乎花多少时间。你的工作速度不影响播放记录的动作所需的时间。

3. 选择菜单"图像">"调整">"匹配颜色"。
4. 在"匹配颜色"对话框中，从下拉列表"源"中选择 IMG_1441.psd，从下拉列表"图层"中选择"背景"，并执行对图像 IMG_1442.psd 匹配颜色时所做的其他修改，再单击"确定"按钮，如图 9.55 所示。
5. 选择菜单"滤镜">"锐化">"USM锐化"。"USM 锐化"对话框中的设置应该与锐化图像 IMG_1442.psd 时使用的设置相同，单击"确定"按钮，如图 9.56 所示。

图9.55

Photoshop 在滤镜对话框中保留了最近使用的设置，直到用户修改它们。

6. 选择菜单"文件">"存储为"，在"存储为"对话框中，从"格式"下拉列表中选择 TIFF，保留文件名不变，将其存储到文件夹 Ready For Panorama 中，然后单击"保存"按钮。在"TIFF 选项"对话框中，确保选中了单选按钮"LZW"，然后单击"确定"按钮。

7. 关闭该图像。

8. 单击动作面板底部的"停止记录"按钮（■）停止记录，如图 9.57 所示。

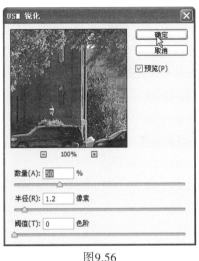

图9.56   图9.57

刚才记录的动作存储在在动作面板中。可以单击每个步骤左边的箭头将其展开，再查看记录的每个步骤及所做的具体设置。

9.8.3 对单个文件播放动作

下面将动作 color match and sharpen 应用于其他 3 个打开的图像文件之一。

1. 单击标签 IMG_1444.psd 使该图像处于活动状态。

2. 在动作面板中，选择动作组 My Actions 中的动作 color match and sharpen，再单击"播放"按钮（▶），如图 9.58 所示。

图9.58

将自动匹配图像 IMG_1444.psd 的颜色、对其进行锐化并将其存储为 TIFF 格式，使其属性与图像 IMG_1443.psd 匹配。由于记录了关闭文件的操作，因此也将关闭该文件。

9.8.4 对一批文件播放动作

通过应用动作来对文件执行常见任务可节省时间，但可以对所有打开的文件应用动作以进一步提高工作效率。在这个项目中，还有两个用于合成全景画的文件需要调整，下面同时对这些文件播放动作。

1. 确保图像 IMG_1445.psd 和 IMG_1446.psd 处于打开状态。关闭文件 IMG_1441.psd，再打开它以确保它位于第三个选项卡中。

 注意：如果文件 IMG_1441.psd 不位于第三个选项卡中，它将在对其他一个或两个图像进行颜色匹配前关闭，而"匹配颜色"功能要求源文件处于打开状态。仅调整选项卡排列顺序并不能改变 Photoshop 对这些文件执行操作的顺序。

2. 选择"文件">"自动">"批处理"。
3. 在"批处理"对话框的"播放"部分，确保从下拉列表"组"中选择了 My Actions，从下拉列表"动作"中选择了 color match and sharpen。
4. 在下拉列表"源"中选择"打开的文件"，保留下拉列表"目标"为"无"，并单击"确定"按钮，如图 9.59 所示。

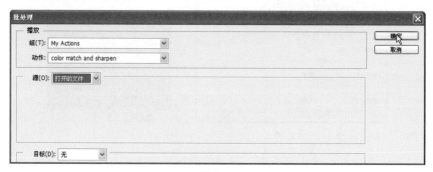

图9.59

动作将应用于图像文件 IMG_1445.psd 和 IMG_1446.psd，对它们执行相同的颜色匹配和锐化操作并将其存储为 TIFF 格式。也将对图像 IMG_1441.psd 执行该操作，但将其颜色与它自己的颜色匹配。

在本节中，读者对 3 个文件进行了批处理，而不是分别对它们进行处理；就这里而言好处并不明显。然而，在需要对大量文件执行相同的重复操作时，创建并应用动作可节省大量时间，还可避免麻烦。

9.9 合成全景图

这些文件进行了颜色匹配、锐化并存储为 TIFF 格式，以防全景图中出现明显的不一致。现在可以将这些图像拼合在一起了。然后添加边框和文字以完成海报的制作。

1. 在 Photoshop 中没有打开任何文件的情况下，选择菜单"文件">"自动">"Photomerge"。
2. 在"版面"部分选中单选按钮"自动"；在"源文件"部分，单击"浏览"按钮并切换到文件夹 Lesson09\Ready For Panorama。选择第一个文件，再按住 Shift 键并单击最后一个文件以选择所有文件，然后单击"确定"或"打开"按钮。

3. 在"Photomerge"对话框的底部，选中复选框"混合图像"、"晕影去除"和"几何扭曲校正"，再单击"确定"按钮，如图 9.60 所示。

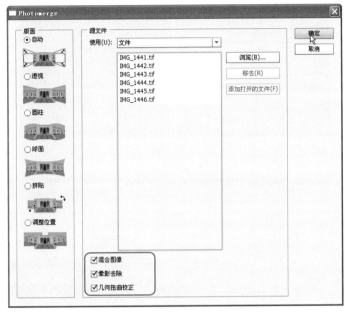

图9.60

　　Photoshop 将创建全景图。这是一个复杂的过程，因此在 Photoshop 处理期间读者可能需要等待几分钟。完成后，读者将看到一幅与图 9.61 类似的图像，在图层面板中有 6 个图层，每个图像都位于一个独立的图层中。Photoshop 将检测到图像重叠的区域并匹配它们，还校正所有扭曲。在处理过程中，图像中将有一些空白区域。下面添加一些天空以填充空白区域并裁剪图像，从而整理全景图。

图9.61

4. 选择图层面板中的所有图层，再选择菜单"图层">"合并图层"，如图 9.62 所示。
5. 选择菜单"文件">"存储为"。从下拉列表"格式"中选择 Photoshop，将文件命名为 09B_Working.psd，并将文件存储在文件夹 Lesson09 中。单击"保存"按钮，再在出现的"Photoshop 格式选项"对话框中单击"确定"按钮。
6. 选择裁剪工具（　）。在选项栏中，从下拉列表中选择"不受约束"，以便能够以任何尺寸裁剪。然后拖曳裁剪框，使其上边缘位于图像中最高点的上方，下边缘与草地下边缘的最高处对齐，并裁剪掉图像两侧的透明区域。对裁剪框满意后按回车或单击选项栏中的"提交当前裁剪操作"按钮，如图 9.63 所示。

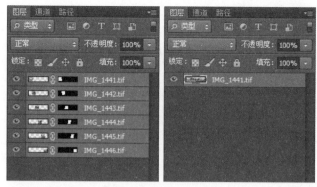

图9.62

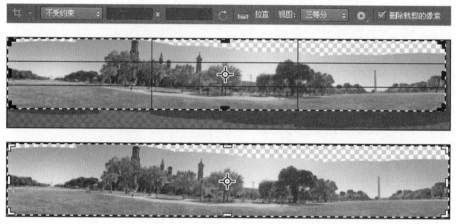

图9.63

7. 在工具面板中，选择隐藏在快速选择工具后面的魔棒工具。

8. 单击右边的透明区域以选择它，再按住 Shift 键并单击左边的透明区域，从而将其加入选区，如图 9.64 所示。

图9.64

9. 选择菜单"编辑">"填充"。

10. 在"填充"对话框中，从"使用"下拉列表中选择"内容识别"，再单击"确定"按钮，如图 9.65 所示，Photoshop 将填充透明区域，使其与既有的天空区域天衣无缝。

11. 选择菜单"选择">"取消选择"。

12. 选择菜单"文件">"存储"保存所做的工作，此时的图像如图 9.66 所示。

图9.65

图9.66

9.10 扫尾工作

整个全景图很不错，但由于视野太宽，图像看起来不正，例如，有些建筑物是倾斜的，显得不真实。下面使用滤镜"自适应广角"来校正透视，再在旁边添加文字。

1. 选择菜单"滤镜">"自适应广角"。

2. 在"自适应广角"对话框中，选择约束工具（ ）。约束工具让你能够指定位于同一个水平面的部分，而该滤镜将根据你指定的透视调整图像的其他部分。

3. 单击第一个塔的下方，再单击大树的根部，这将绘制一条直线。

当你单击第二个点并松开鼠标后，该滤镜将调整图像的透视，如图 9.67 所示。下面调整华盛顿纪念碑下方的地面，让纪念碑垂直。

Ps | 提示：如果图像边缘出现了透明区域，可使用"缩放"设置将其消除。

图9.67

4. 单击纪念碑左边的树木中央，再单击纪念碑右边的草地，以绘制一条如图 9.68 所示的斜线。

5. 如果你要调整角度，可单击你绘制的线条上的旋转手柄，再拖曳几度，如图 9.68 所示。

图9.68

在你关闭滤镜对话框之前，可随时旋转这些线条。

对结果满意后，单击"确定"按钮接受修改，并将滤镜应用于图像，只需添加一些文字就可完成该海报了。

6. 选择菜单"文件">"打开"，切换到文件夹 Lesson09 并双击文件 DC_Letters.psd 打开它。

7. 选择菜单"窗口">"排列">"双联垂直"，以便能够同时看到这两幅图像。使用移动工具（ ）将文件 DC_Letters.psd 拖曳到全景图像中。关闭文件 DC_Letters.psd 但不保存所做的修改。

8. 使用移动工具将字母和红色背景移到图像左侧。

由于这张海报要用于打印，下面将其转换为 CMYK。

9. 选择菜单"图像">"模式">"CMYK 颜色"，在出现的对话框中单击"合并"按钮以合并图层。如果出现有关颜色配置文件的对话框，单击"确定"按钮。

10. 选择菜单"图层">"拼合图像"以减小图像大小。

11. 选择菜单"文件">"存储"保存所做的工作，结果如图 9.69 所示。

图9.69

通过合并图像，读者创建了两幅纪念图像。读者使用几幅图像制作了合成画，还将几幅图像混合成全景图。现在，读者已具备了使用自己的图像创建合成画和全景图所需的知识了。

复习

复习题

1. 存储选区的目的是什么？
2. 在提交滤镜前如何预览滤镜效果？
3. 给图像添加效果时，使用智能滤镜和使用常规滤镜之间有何差别？
4. 描述"匹配颜色"功能的一种用途。

复习题答案

1. 通过存储选区，可以重用花大量时间创建的选区，以相同的方式选择图像中的元素。用户还可以通过添加或从现有选区中减去来合并选区或创建新选区。
2. 使用"滤镜库"可测试不同的滤镜和设置，以查看将其应用于图像的结果。
3. 智能滤镜是非破坏性的，可随时调整、启用 / 停用和删除它们；而常规滤镜永久性修改图像，应用后便不能撤销。智能滤镜只能应用于智能对象图层。
4. 可使用"匹配颜色"功能使两幅图像的颜色一致，如调整照片中面部皮肤的色调；还可匹配同一幅图像中不同图层的颜色。另外，还可使用这项功能创建非同寻常的色彩效果。

第10课 编辑视频

在本课中，读者将学习以下内容：

- 在 Photoshop 中创建视频时间轴；
- 在时间轴面板中给视频组添加媒体；
- 给视频剪辑和静态图像添加动感；
- 使用关键帧制作文字和效果动画；
- 在视频剪辑之间添加过渡效果；
- 在视频文件中包含音频；
- 渲染视频。

 本课需要大约 90 分钟。如果还没有将文件夹 Lesson10 复制到硬盘中，请现在就这样做。在学习过程中，请保留初始文件；如果需要恢复初始文件，只需从配套光盘再次复制即可。

　　在 Photoshop CS6 中，可编辑视频文件，
并使用编辑图像文件时使用的众多效果。你
可使用视频文件、静态图像、智能对象、音
频文件和文字图层来创建电影，可应用过渡
效果，还可使用关键帧制作效果动画。

10.1 概　述

在本课中，你将编辑一段使用手机拍摄的视频。你将创建视频时间轴，导入剪辑，添加过渡效果和其他视频效果，并渲染最终的视频。首先，来看看你将创建的最终视频。

1. 启动 Photoshop 并立刻按下 Ctrl + Alt + Shift（Windows）或 Command + Option + Shift 快捷键（Mac OS）以恢复默认首选项（参见前言中的"恢复默认首选项"）。

2. 出现提示对话框时，单击"是"确认要删除 Adobe Photoshop 设置文件。

3. 选择菜单"文件">"在 Bridge 中浏览。

4. 在 Bridge 中，选择收藏夹面板中的 Lessons，再双击内容面板中的文件夹 Lesson10。

5. 双击文件 10End.mp4，在 QuickTime 中打开它。

6. 在 QuickTime 中，单击"播放"按钮观看最终的视频，如图 10.1 所示。

图10.1

这个简短的视频是一次海滩活动的剪辑，包含过渡效果、图层效果、文字动画和音乐。

7. 关闭 QuickTime，返回 Bridge。

8. 双击文件 10.End.psd，在 Photoshop 中打开它。

Photoshop 打开了时间轴面板，而文档窗口中有参考线。参考线指出了视频播放时可见的区域。时间轴面板包含所有视频剪辑和音轨。

9. 查看完这个最终文件后，将其关闭。

10.2　新建视频项目

在 Photoshop 中处理视频时，方式与处理静态图像稍微不同。你可能发现，最简单的方式是，先创建项目，再导入要使用的素材。创建这个项目时，你将选择视频预设，再添加 9 个视频和图像文件。

10.2.1　新建文件

Photoshop 提供了多种胶片和视频预设供你选择，下面新建一个文件并选择合适的预设。

1. 选择菜单"文件">"新建"。

2. 将文件命名为 10Start.psd。

3. 从"预设"下拉列表中选择"胶片和视频"。

4. 从"大小"下拉列表中选择"HDV/HDTV 720p/29.97"。

Ps | 注意：本课使用的视频是使用 Apple iPhone 拍摄的，因此使用 HDV 预设是合适的。预设 720P 提供了不错的品质，同时包含的数据不太多，可方便在线播放。

5. 接受其他默认设置，再单击"确定"按钮，如图 10.2 所示。

6. 选择菜单"文件" > "存储为"，将文件保存到文件夹 Lesson10。

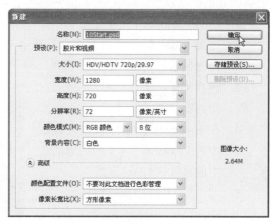

图10.2

10.2.2 导入素材

Photoshop CS6 提供了专门用于处理视频的工具，如时间轴面板。时间轴面板可能已打开，因为你前面预览了最终文件。你使用时间轴面板来排列视频中的图层、使用视频属性制作动画、设置每个图层的起点和终点以及添加过渡效果。为确保你能够访问所需的资源，你将在导入文件前选择工作区"动感"，并对面板进行组织。

1. 选择菜单"窗口" > "工作区" > "动感"。

2. 向上拖曳时间轴面板的上边缘，让该面板占据工作区的下半部分。

3. 选择缩放工具，再单击选项栏中的"适合屏幕"按钮，以便在屏幕上半部分能够看到整个画布。

4. 单击"创建视频时间轴"按钮，Photoshop 将新建一个视频时间轴，其中包含两个默认轨道："图层 0"和"音轨"，如图 10.3 所示。

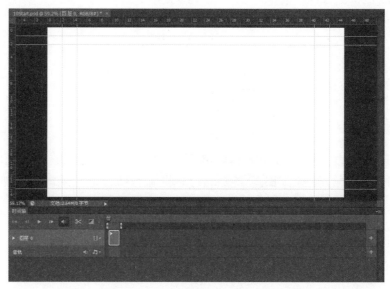

图10.3

5. 单击轨道"图层 0"的"视频"下拉列表，并选择"添加媒体"，如图 10.4 所示。

6. 切换到文件夹 Lesson10。

7. 按住 Shift 键并选择编号为 1 ~ 9 的视频和照片素材，再单击"打开"按钮，结果如图 10.5 所示。

图10.4

图10.5

> **Ps** **注意**：使用"添加媒体"添加素材时，如果没有指定画布的大小，Photoshop 将根据第一个视频文件决定项目的尺寸；如果你只导入了图像文件，将根据图像尺寸决定项目的尺寸。

Photoshop 将你选择的全部 9 个素材都导入一个轨道中，在时间轴面板中，该轨道现在名为"视频组 1"。其中，静态图像以紫色背景显示，而视频剪辑以蓝色背景显示。在图层面板中，这些素材位于不同的图层中，但这些图层都包含在图层组"视频组 1"中。你不再需要图层"图层 0"，下面将其删除。

8. 在图层面板中，选择图层"图层 0"，再单击图册面板底部的"删除图层"按钮，如图 10.6 所示。Photoshop 确认你是否要删除时，单击"是"按钮。

图10.6

10.2.3 在时间轴中修改剪辑的长度

剪辑的长度各异，这意味着它们播放的时间各不相同。就这段视频而言，你希望所有剪辑的长度相同，因此下面将每段剪辑都缩短为 3 秒。剪辑的长度用秒和帧表示：03:00 表示 3 秒，而02:25 表示 2 秒 25 帧。

1. 向右拖曳时间轴面板底部的"控制时间轴显示比例"滑块，以放大时间轴。你希望每个剪辑在时间标尺中都足够清晰，能够准确地调整剪辑的长度。

> **Ps** **注意**：这里缩短所有剪辑，使其长度相同，但根据项目的具体情况，可让剪辑的长度各不相同。

2. 将第一个剪辑（1_Family）的右边缘拖曳到 03:00 处，如图 10.7 所示。当你拖曳时，Photoshop 会显示结束时间和持续时间，让你能够找到合适的位置。

图10.7

3. 拖曳第二个剪辑（2_BoatRide）的右边缘，将该剪辑的持续时间设置为 03:00。

缩短视频剪辑并不是压缩，而是将一部分删除。在这里，你想使用每个剪辑的前 3 秒。如果你要使用视频剪辑的其他部分，需要通过调整两端来缩短剪辑。

4. 对余下的每个剪辑重复第 3 步，让它们的持续时间都为 3 秒，结果如图 10.8 所示。

图10.8

至此，所有剪辑的持续时间都对，但有些图像的大小不合适（相对于画布而言）。下面调整第一幅图像的大小。

5. 在图层面板中，选择图层 1_Family，这也将在时间轴面板中选择相应的剪辑。

6. 在时间轴面板中，单击剪辑 1_Family 右上角的三角形，这将打开"动感"对话框。

 提示：单击剪辑左边（剪辑缩览图右边）的箭头将显示一些属性，可使用关键帧基于这些属性来制作动画。单击剪辑右边的箭头可打开"动感"对话框。

7. 从下拉列表中选择"平移和缩放"，并确保选中了复选框"调整大小以填充画布"，如图 10.9 所示。然后单击时间轴面板的空白区域，以关闭"动感"对话框。

该图像将调整大小以填充画布，这正是你想要的。然而，你实际上不想平移和缩放，下面来删除这种效果。

图10.9

8. 再次打开剪辑 1_Family 的"动感"对话框，并从下拉列表中选择"无运动"。单击时间轴面板的空白区域关闭"感动"对话框。

9. 选择菜单"文件">"存储"，在出现的"Photoshop 格式选项"对话框中单击"确定"按钮。

10.3 使用关键帧制作文字动画

关键帧让你能够控制动画、效果以及其他随时间发生的变化。关键帧标识了一个时点，让你能够指定该时点的值，如位置、大小和样式。要实现随时间发生的变化，至少需要两个关键帧，一个表示变化前的状态，另一个表示变化后的状态。Photoshop 在这两个关键帧之间插入值，确保在指定时间内平滑地完成变化。下面使用关键帧来制作电影标题（Beach Day）动画，让它从图像左边移到右边。

1. 单击轨道"视频组 1"的"视频"下拉列表，并选择"新建视频组"，Photoshop 将在时间轴面板中添加轨道"视频组 2"，如图 10.10 所示。

图10.10

2. 选择横排文字工具，再单击图像左边缘的中央，Photoshop 将在轨道"视频组 2"中新建一个图层——"图层 1"。

3. 在选项栏中，选择一种无衬线字体（如 Myriad Pro），将字体大小设置为 600 点，并将文字颜色设置为白色。

4. 输入 BEACH DAY。

文本很大，图像容纳不下。这没有关系，你将让文本以动画方式掠过图像。

5. 在图层面板中，将图层 BEACH DAY 的不透明度改为 25%，如图 10.11 所示。

图10.11

6. 在时间轴面板中，将该文字图层的终点拖曳到 03:00 处，使其持续时间与图层 1_Family 相同。

7. 单击剪辑 BEACH DAY 的缩览图旁边的箭头，以显示该剪辑的属性。

8. 确保播放头（playhead）位于时间标尺开头。

9. 单击属性"变换"旁边的秒表图标，给图层设置一个起始关键帧。在时间轴中，关键帧用黄色菱形表示。

10. 选择移动工具，再使用它拖曳画布上的文字图层，使其垂直居中。再向右拖曳文字，使得只有字母 B 的左边缘可见。

11. 将播放头拖曳到第一个剪辑的最后一帧（02:29f）。

Ps 提示：Photoshop 在时间轴面板的左下角显示播放头的位置。

---

12. 按住 Shift 键，并向左拖曳文字图层，使得只有字母 Y 的右边缘可见。按住 Shift 键可确保拖曳时文字的垂直位置不变。

Photoshop 将新建一个关键帧，因为你改变了位置，如图 10.12 所示。

图10.12

13. 移动播放头，使其跨越时间标尺的前 3 秒，以预览动画：标题不断移动，以横跨图像。

14. 选择菜单"文件">"存储"保存所做的工作。

10.4　创建效果

在 Photoshop 中处理视频的优点之一是，可使用调整图层、样式和简单变换来创建效果。

10.4.1　给视频剪辑添加调整图层

在上文中，你一直在使用调整图层处理静态图像，但它们也适用于视频剪辑。当你在视频组中添加调整图层时，Photoshop 只将其应用于它下面那个图层。

 注意：如果你使用"置入"命令导入了视频文件，它将不属于任何视频组。在这种情况下，需要创建一个剪贴图层，让调整图层只影响一个图层。

1. 在图层面板中，选择图层 3_DogAtBeach。

2. 在时间轴面板中，将播放头移到图层 3_DogAtBeach 的开头，以便能够看到应用的效果。

3. 在调整面板中，单击"黑白"按钮。

4. 在属性面板中，保留默认设置，但选中复选框"色调"。默认的色调颜色营造出怀旧效果，非常适合这个剪辑，如图 10.13 所示。你可根据自己的喜好，调整滑块和色调颜色，以修改黑白效果。

图10.13

5. 在时间轴面板中，移动播放头以跨越剪辑 3_DogAtBeach，从而预览应用的效果。

10.4.2 制作缩放效果动画

即便是简单的变换，也可将其制作成动画以实现有趣的效果。下面在剪辑 4_Dogs 中实现缩放效果动画。

1. 在时间轴面板中，将播放头移到剪辑 4_Dogs 开头（09:01）。这幅图像非常大，显示的都是天空的白色区域。

2. 单击剪辑 4_Dogs 中的箭头，以显示"动感"对话框。

3. 从下拉列表中选择"缩放"，再从"缩放"下拉列表中选择"放大"，并确保选中了复选框"调整大小以填充画布"。然后单击时间轴面板的空白区域，以关闭"动感"对话框。

4. 拖曳播放头跨越该剪辑，以预览效果。下面放大最后一个关键帧，让缩放效果更剧烈。

5. 单击剪辑 4_Dogs 左边的箭头，以显示该剪辑的属性。

6. 单击属性"变换"旁边的箭头以选择最后一个关键帧，再选择菜单"编辑">"自由变换"。在选项栏中，将宽度和高度都设置为 100%，再按回车键提交变换，如图 10.14 所示。

> **Ps** 提示：在时间轴面板中，要移到下一个关键帧，可单击属性旁边的右箭头；要移到前一个关键帧，可单击左箭头。

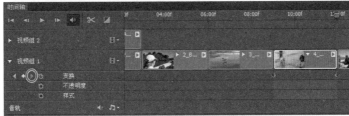

图10.14

7. 拖曳播放头跨越剪辑 4_Dogs，以再次预览动画。

8. 选择菜单"文件">"存储"。

10.4.3 制作样式效果动画

可对时间轴面板中的剪辑应用图层样式。下面首先调整图像大小以适应画布，然后两次应用样式并删除，在视频中营造闪烁效果。

1. 将播放头移到剪辑 6_Avery 的开头（15:01）。相比于画布而言，该图像太大了。

2. 打开该剪辑的"动感"对话框，从下拉列表中选择"平移和缩放"，并确保选中了复选框"调整大小以填充画布"。单击时间轴面板的空白区域，以关闭"动感"对话框并调整图像的大小。

3. 再次打开"动感"对话框，并从下拉列表中选择"无运动"，因为你并不想平移和缩放这幅图像。单击时间轴面板的空白区域，以关闭"动感"对话框。

4. 选择菜单"窗口">"样式"打开样式面板。

5. 在时间轴面板中，单击剪辑 6_Avery 的缩览图旁边的箭头，以显示该剪辑的属性，然后单击"样式"属性的秒表图标。

图10.15

6. 将播放头移到该剪辑的四分之一处，再在样式面板中选择样式"负片（图像）"，如图 10.15 所示，Photoshop 添加一个关键帧。

7. 将播放头移到该剪辑中央，再选择样式"默认"将效果删除。Photoshop 再添加一个关键帧。

8. 将播放头移到该剪辑的四分之三处，并再次应用"负片（图像）"样式。Photoshop 添加第 4 个关键帧。

9. 将播放头移到该剪辑末尾（17:29），并选择样式"默认"。Photoshop 添加最后一个关键帧，如图 10.16 所示。

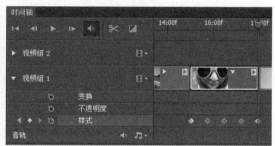

图10.16

10. 移动播放头以预览效果。

10.4.4　移动图像以创建运动效果

下面使用另一种变换来制作动画，以创建移动效果。你希望画面从显示潜水者的双脚开始，逐渐变换到显示潜水者的双手。

1. 将播放头移到剪辑 7_jumping 的末尾（20:29）。此时显示的是潜水者的最终位置。

2. 显示该剪辑的属性，并单击"位置"属性的秒表图标，以添加一个关键帧。

3. 将播放头移到这个剪辑的开头（18:01）。按住 Shift 键，并向上移动图像，让潜水者的双脚位于画布底部，Photoshop 将添加一个关键帧，如图 10.17 所示。

图10.17

4. 移动播放头以预览动画。

5. 选择菜单"文件">"存储"保存所做的工作。

10.4.5 添加平移和缩放效果

可轻松地添加类似于纪录片中的平移和缩放效果。下面给两个落日剪辑添加这种效果，让视频以戏剧性效果结束。

1. 将播放头移到剪辑 8_Sunset 开头。

2. 打开"动感"对话框，并从下拉列表中选择"平移"。确保选中了复选框"调整大小以填充画布"，再单击时间轴面板的空白区域，以关闭"动感"对话框。

3. 将播放头移到剪辑 9_Sunset2 开头。

4. 打开该剪辑的"动感"对话框，从下拉列表中选择"平移和缩放"，再从下拉列表"缩放"中选择"缩小"，并确保选中了复选框"调整大小以填充画布"。然后，单击时间轴面板的空白区域，以关闭"动感"对话框。

5. 移动播放头以跨越最后两个剪辑，从而预览效果。

10.5 添加过渡效果

过渡效果将场景从一个镜头切换到另一个镜头。在 Photoshop 中，只需通过拖放就可给剪辑添加过渡效果。

1. 单击时间轴面板左上角的"转到第一帧"按钮（ ），将播放头移到时间标尺开头。

2. 单击时间轴面板左上角的"过渡效果"按钮（ ），选择"交叉渐隐"，将持续时间设置为 0.25 秒。

3. 将过渡效果拖放到剪辑 1_Family 和 2_BoatRide 之间。

Photoshop 将调整这两个剪辑的端点，以便
应用过渡效果，并在第二个剪辑的左下角添加一
个白色小图标，如图 10.18 所示。

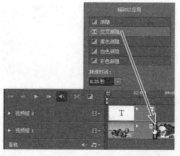

4. 在其他任何两个相邻剪辑之间添加过渡
   效果"交叉渐隐"。

5. 在最后一个剪辑末尾添加"黑色渐隐"，
   结果如图 10.19 所示。

6. 为让过渡效果更平滑，向左拖曳过渡效
   果"黑色渐隐"的左边缘，让过渡效果的长度为最后一个剪辑的三分之一，如图 10.20 所示。

图10.18

图10.19

图10.20

7. 选择菜单"文件"＞"存储"。

10.6 添加音频

在 Photoshop 中，可在视频文件中添加独立的音轨。事实
上，时间轴面板默认包含一个音轨。下面添加一个 MP3 文件，
将其作为这个简短视频的配乐。

1. 单击时间轴面板底部的音轨图标，并从下拉列表中选
   择"添加音频"，如图 10.21 所示。

图10.21

Ps | **提示**：也可这样添加音频，即在时间轴面板中，单击音轨最右端的加号按钮。

2. 选择文件夹 Lesson10 中的文件 Beachsong.mp3，再单击"打开"按钮。
   该音频文件被加入到时间轴，但比视频长得多。下面使用"在播放头处拆分工具"将其缩短。

3. 将播放头移到剪辑 9_Sunset2 末尾（25:02），再单击"在播放头处拆分工具"，在播放头处
   将音频文件拆分为两段，如图 10.22 所示。

图10.22

4. 选择第二段音频文件——始于剪辑 9_Sunset2 末尾的那段。

5. 按 Delete 键将这段音频剪辑删除。

至此音频剪辑与视频一样长。下面添加淡出让音频平滑地结束。

6. 单击音频剪辑有边缘的箭头打开"音频"对话框，并将"淡出"设置为 5 秒，如图 10.23 所示。

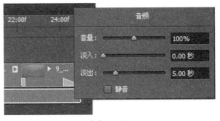

图10.23

10.7 让不想要的音频变成静音

在本章前面，你都是通过移动播放头来预览视频的一部分，下面使用时间轴面板中的"播放"按钮来预览整个视频，再将视频剪辑中多余的音频都变成静音。

1. 单击时间轴面板左上角的"播放"按钮（ ▶ ），以预览整个视频。

> **Ps** **提示：**要让预览更平稳，可在首次播放视频时禁用时间轴面板中的音频播放按钮，这样 Photoshop 将能够创建更完整的缓存，让预览更准确。

视频看起来不错，但有几个视频剪辑存在一些背景噪音。下面将这些背景噪声变成静音。

2. 单击剪辑 2_BoatRide 右端的箭头。

3. 单击"音频"标签以显示音频选项，再选中复选框"静音"，如图 10.24 所示。单击时间轴面板的空白区域，将该对话框关闭。

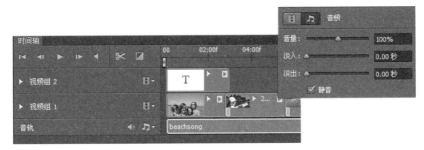

图10.24

4. 对剪辑 3_DogAtBeach 和 5_BoatRide2 重复第 2 ~ 3 步。

5. 再次播放视频，现在只能听到你添加的音频。

6. 选择菜单"文件">"存储"保存所做的工作。

10.8 渲染视频

现在可以将项目渲染为视频了。Photoshop 提供了多种渲染预设，你将选择适合流式视频的预设，以便在 Vimeo 网站分享。有关其他渲染预设的信息，请参阅 Photoshop 帮助。

1. 选择菜单"文件">"导出">"渲染视频",也可单击时间轴面板左下角的"渲染视频"按钮（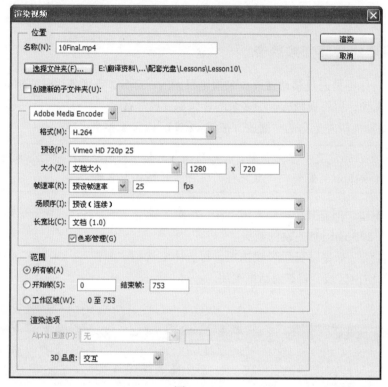）。

（实际位置）

1. 选择菜单"文件">"导出">"渲染视频",也可单击时间轴面板左下角的"渲染视频"
   按钮（ ）。
2. 将文件命名为 10Final.mp4。
3. 单击"选择文件夹"按钮,切换到文件夹 Lesson10,再单击"确定"或"选择"按钮。
4. 从"预设"下拉列表中选择"Vimeo HD 720p 25"。
5. 单击"渲染"按钮,如图 10.25 所示。

图10.25

Photoshop 将导出视频,并显示一个进度条。根据你的系统,渲染过程可能需要几分钟。

Ps | 提示：根据你的系统,渲染过程可能需要一段时间。

---

6. 在 Bridge 中,找到文件夹 Lesson10 中的文件 10Final.mp4。双击它以观看你制作的视频。

复习

复习题

1. 何为关键帧？如何创建？
2. 如何在剪辑之间添加过渡效果？
3. 如何渲染视频？

复习题答案

1. 关键帧标识了一个时点，让你能够指定该时点的值，如位置、大小和样式。要实现随时间发生的变化，至少需要两个关键帧，一个表示变化前的状态，另一个表示变化后的状态。要创建初始关键帧，可单击你要基于它来制作动画的属性旁边的秒表图标；每当你修改该属性的值时，Photoshop 都将添加额外的关键帧。

2. 要添加过渡效果，可单击时间轴面板左上角的"过渡效果"按钮，再将过渡效果拖放到剪辑上。

3. 要渲染视频，选择菜单"文件">"导出">"渲染视频"或单击时间轴面板左下角的"渲染视频"按钮，再根据所需的输出选择合适的视频设置。

第11课 使用混合器画笔绘画

在本课中，读者将学习以下内容：

- 定制画笔设置；

- 清理画笔；

- 混合颜色；

- 使用侵蚀笔尖；

- 创建自定画笔预设；

- 使用湿画笔和干画笔混合颜色。

 本课需要大约 1 小时。如果还没有将文件夹 Lesson11 复制到硬盘中，请现在就这样做。在学习过程中，请保留初始文件；如果需要恢复初始文件，只需从配套光盘再次复制它们即可。

混合器画笔工具提供了在实际画布
上绘画那样的灵活性、颜色混合功能和
画笔描边。

11.1 混合器画笔简介

在前面的课程中，读者使用 Photoshop 中的画笔执行了各种任务。混合器画笔不同于其他画笔，它让你能够混合颜色。你可以修改画笔的湿度以及画笔颜色和画布上现有颜色的混合方式。

Photoshop 画笔模拟了逼真的硬毛刷，让用户能够添加类似于实际绘画中的纹理。这是一项很不错的功能，在使用混合器画笔时尤其明显。在 Photoshop CS6 中还可使用侵蚀笔尖，以获得现实世界的炭铅笔和蜡笔的绘画效果。通过结合使用不同的硬毛刷设置、画笔笔尖、湿度、载入量、混合设置，可准确地创建所需的效果。

11.2 概　述

在本课中，你将熟悉 Photoshop CS6 中的混合器画笔以及笔尖和硬毛刷选项。下面先来看看最终的图像。

1. 启动 Photoshop 并立刻按下 Ctrl + Alt + Shift（Windows）或 Command + Option + Shift 快捷键（Mac OS）以恢复默认首选项（参见前言中的"恢复默认首选项"）。
2. 出现提示对话框时，单击"是"确认要删除 Adobe Photoshop 设置文件。
3. 选择菜单"文件" > "在 Bridge 中浏览"以启动 Adobe Bridge。
4. 在 Bridge 中，单击收藏夹面板中的文件夹 Lessons，再双击内容面板中的文件夹 Lesson11。
5. 预览第 11 课的最终文件。你将使用调色板图像来探索画笔选项并学习如何混合颜色，然后应用学到的知识将一张风景照变成水彩画。
6. 双击文件 11Palette_start.psd，在 Photoshop 中打开它，如图 11.1 所示。
7. 选择菜单"文件" > "存储为"，将文件重命名为 11Palette_working.psd。如果出现"Photoshop 格式选项"对话框，单击"确定"按钮。

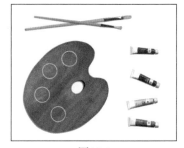

图11.1

 注意：如果你打算在 Photoshop 中进行大量绘画，请考虑使用绘图板（如 Wacom 绘图板）而不是鼠标。Photoshop 能够检测到你握持和使用光笔的方式，进而相应地调整画笔的宽度、强度和角度。

11.3 选择画笔设置

这幅图像包含一个调色板和 4 罐颜料，你将从中采集要使用的颜色。使用不同颜色绘画时，你可修改设置，探索画笔笔尖设置和潮湿选项。

1. 选择缩放工具（ 🔍 ）并放大图像，以便能够看清颜料罐。
2. 选择吸管工具（ 🖊 ）并从红色颜料罐采集红色，前景色将变成红色。

> **注意**：如果启用了 OpenGL，Photoshop 将显示一个取样环，让你能够预览将采集的颜色。

3. 选择隐藏在画笔工具（ ✎ ）后面的混合器画笔工具（ ✑ ），如图 11.2 所示。

图11.2

4. 选择菜单"窗口" > "画笔"打开画笔面板，并选择第一种画笔。

画笔面板包含画笔预设以及多个定制画笔的选项，如图 11.3 所示。

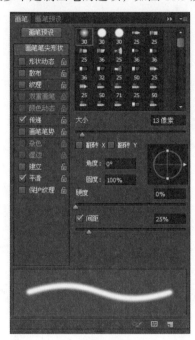

图11.3

11.3.1　尝试画笔潮湿选项

画笔的效果取决于选项栏中的潮湿、载入和混合设置。其中，潮湿决定了画笔笔尖从画布采集的颜料量；载入决定了开始绘画时画笔储存的颜料量（与实际画笔一样，当你不断绘画时，储存的颜料将不断减少）；混合决定了来自画布和来自画笔的颜料量的比例。

可以分别修改这些设置，但更快捷的方式是从下拉列表中选择一种标准组合。

1. 在选项栏中，从"画笔混合组合"下拉列表中选择"干燥"，如图 11.4 所示。

图11.4

选择"干燥"时，"潮湿"为 0%，"载入"为 50%，而"混合"不适用。在这种预设下，绘制的颜色是不透明的，因为在干画布上不能混合颜色。

2. 在红色颜料罐上方绘画。开始出现的是纯红色，随着你在不松开鼠标的情况下不断绘画，颜色将逐渐变淡，最终因储存的颜料耗尽而变成无色，如图 11.5 所示。

3. 从蓝色颜料罐上采集蓝色。为此可使用吸管工具，也可按住 Alt（Windows）或 Option（Mac OS）键并单击。如果你使用吸管工具采集颜色，请在采集颜色后重新选择混合器画笔。

4. 在画笔面板中选择圆扇形画笔，并从选项栏的下拉列表中选择"潮湿"。

5. 在蓝色颜料罐上方绘画，颜料将与白色背景混合，如图 11.6 所示。

图11.5　　　　　　　　　　　　　　　　　　　　　　　图11.6

6. 从选项栏的下拉列表中选择"干燥"，并再次在蓝色颜料罐上方绘画，出现的蓝色更暗、更不透明，且不与白色背景混合。

与前面使用的画笔相比，当前选择的圆扇形画笔的硬毛刷更明显。修改硬毛刷品质，将对绘制出的纹理有重大影响。

7. 在画笔面板中，将"硬毛刷"降低到 40%，再使用蓝色进行绘画，并看看纹理有何不同。描边中的硬毛更明显得多，如图 11.7 所示。

图11.7

Ps　**提示**：硬毛刷画笔预览在你绘画时显示硬毛刷方向。要显示或隐藏硬毛刷画笔预览，可单击画笔面板或画笔预设面板底部的"切换硬毛刷画笔预览"按钮。仅当启用了 Open GL 时，硬毛刷画笔预览才可用。

---

8. 从黄色颜料罐上采集黄色。在画笔面板中，选择硬毛较少的平点画笔（圆扇形画笔右边的

那支）。从选项栏的下拉列表中选择"干燥"，再在黄色颜料罐上方绘画，如图11.8所示。

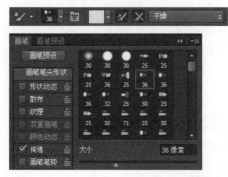

图11.8

9. 从选项栏的下拉列表中选择"潮湿"，再进行绘画。注意到黄色与白色背景混合了。

11.3.2 使用侵蚀笔尖

在 Photoshop CS6 中可选择侵蚀笔尖，这样画笔宽度将随绘画而变化。在画笔面板中，侵蚀画笔用铅笔图标表示，因为在现实世界中，铅笔和蜡笔的笔尖是侵蚀性的。这里将尝试使用侵蚀点和侵蚀圆头。

1. 从绿色颜料罐上采集绿色，再在选项栏中选择"干燥，深描"。

2. 选择一种侵蚀点画笔，再将大小设置为9像素，柔和度设置为100%。

柔和度决定了笔尖的侵蚀速度，其值越大，侵蚀得越快。

3. 在绿色颜料罐上方绘制折线，如图 11.9 所示。

图11.9

随着笔尖被侵蚀，绘制出的线条越来越粗。

4. 单击画笔面板中的"锐化笔尖"，再在刚才绘制的线条旁边画线，如图 11.10 所示。

笔尖更尖了，绘制的线条细得多。

5. 在画笔面板中，从"形状"下拉列表中选择"侵蚀三角形"，再绘制折线，如图11.11所示。

可根据想要的效果选择多种侵蚀笔尖。

图11.10   图11.11

11.4   混合颜色

前面使用了湿画笔和干画笔、修改了画笔设置并混合了颜料与背景色。下面将注意力转向在调色板中添加颜料以混合颜色。

> **Ps** | **注意**：如果项目很复杂，你可能需要些耐心，因为混合颜色需要占用大量内存。

1. 缩小图像以便能够同时看到调色板和颜料罐。
2. 在图层面板中选择图层 Paint mix，以免绘画的颜色与图层 Background 中的棕色调色板混合。除非选中了选项栏中的复选框"对所有图层取样"，否则混合器画笔将只在活动图层中混合颜色。
3. 从红色颜料罐上采集红色，在画笔面板中选择圆钝形画笔（第 5 支）。从选项栏的下拉列表中选择"潮湿"，并在调色板中最上面的圆圈内绘画。
4. 单击选项栏中的"每次描边后清理画笔"按钮（  ）以取消选择它，如图 11.12 所示。

图11.12

5. 从蓝色颜料罐上采集蓝色，再在同一个圆圈内绘画，蓝色将与红色混合得到紫色，如图 11.13 所示。

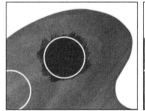

6. 在下一个圆圈内绘画，颜色仍为紫色，因为在清理前画笔将残留原来的颜色。

图11.13

7. 在选项栏中，从下拉列表"当前画笔载入"中选择"清理画笔"，如图 11.14 所示。预览将变成透明的，这表明画笔没有载入颜色。

要消除载入的颜料，可从选项栏中选择"清理画笔"；要替换载入的颜料，可采集其他颜色。

如果想让 Photoshop 在每次描边后清理画笔，可按下选项栏中的"每次描边后清理画笔"按钮。要在每次描边后载入前景色，可按下选项栏中的"自动载入"按钮。默认情况下，这两个按钮都被按下。

8. 在选项栏中，从下拉列表"当前画笔载入"中选择"载入画笔"给画笔载入蓝色颜料。在下一个圆圈的上半部分绘画，结果为蓝色。

图11.14

9. 从黄色颜料罐上采集黄色，并使用湿画笔在蓝色上绘画，这将混合这两种颜色。

10. 使用黄色和红色颜料在最后一个圆圈中绘画，使用湿画笔混合这两种颜色生成一种桔色，如图 11.15 所示。

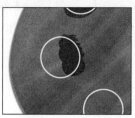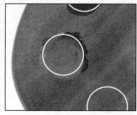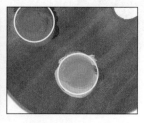

图11.15

11. 在图层面板中，隐藏图层 Circles，以删除调色板上的圆圈，如图 11.16 所示。

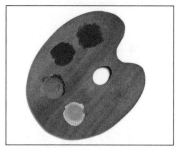

图11.16

来自Photoshop布道者的提示

Julieanne Kost是一名Adobe Photoshop官方布道者。

混合器画笔快捷键

默认情况下，混合器画笔工具没有快捷键，但你可以自己定义。

要创建自定义键盘快捷键，可按如下步骤做：

1. 选择菜单"编辑"＞"键盘快捷键"。

2. 从"快捷键用于"下拉列表中选择"工具"。

3. 向下滚动到列表末尾。

4. 选择一个命令，再输入自定义快捷键。你可为下述与混合器画笔相关的命令定义快捷键：

- 载入混合器画笔；
- 清理混合器画笔；
- 切换混合器画笔自动载入；
- 切换混合器画笔自动清理。

11.5　创建自定义画笔预设

Photoshop 提供了很多画笔预设，使用起来很方便。但如果需要根据项目微调画笔，可以创建自定义预设来简化工作。下面创建一种画笔预设，供后面的练习中使用。

1. 在画笔面板中，选择如下设置。

- 大小为 36 像素。
- 形状为圆扇形。
- 硬毛刷为 35%。
- 长度为 32%。
- 粗细为 2%。
- 硬度为 75%。
- 角度为 0。
- 间距为 2%。

2. 从画笔面板菜单中选择"新建画笔预设"。

3. 将画笔命名为 Landscape，再单击"确定"按钮，如图 11.17 所示。

图11.17

4. 单击画笔面板中的"画笔预设"按钮打开画笔预设面板。

画笔预设面板显示了使用各种画笔创建的描边样本。如果你知道要使用哪支画笔，通过名称来查找将容易得多。下面按名称列出画笔预设，以便找到下一个练习将使用的预设。

5. 从画笔预设面板菜单中选择"大列表"。

6. 向下滚动到列表末尾。你创建的预设 Landscape 位于该列表的末尾，如图 11.18 所示。

7. 关闭文件 11Palette_working.psd。

图11.18

11.6　混合颜色和照片

在本课前面，你混合了颜色和白色背景，还混合了多种颜色。下面将照片用做画布，将颜色与其混合以及相互混合，从而将这张风景照变成水彩画。

1. 选择菜单"文件">"打开"，双击文件 11Landscape_Strat.jpg 打开它，如图 11.19 所示。

2. 选择菜单"文件">"存储为"，将文件重命名为 11Landscape_working.jpg，并单击"保存"按钮。在出现的"JPEG 选项"对话框中，单击"确定"按钮。

图11.19

下面在天空绘画。为此，先来选择颜色和画笔。

3. 单击工具面板中的前景色色板，选择一种较淡的蓝色（这里使用的 RGB 值为 185、204、228），再单击"确定"按钮。

4. 如果还没有选择混合器画笔工具（![icon]），请选择它。从选项栏的下拉列表中选择"干燥"，再从画笔预设面板中选择画笔 Landscape。

预设存储在系统中，在你处理其他任何图像时都可使用。

5. 在天空中绘画，并接近树木。由于使用的是干画笔，颜料不会与原有颜料混合，如图 11.20 所示。

6. 选择一种更深的蓝色（这里使用的 RGB 值为 103、151、212），并在天空区域顶部绘画，但仍使用干画笔。

7. 再次选择淡蓝色，并从选项栏的下拉列表中选择"非常潮湿，深混合"。使用该画笔在天空区域沿倾斜方向绘画，将两种颜色与背景色混合。绘画时靠近树木，并让整个天空区域比较一致，如图 11.21 所示。

图11.20

使用干画笔添加较深的颜色　　使用湿画笔混合颜色

图11.21

对天空满意后，对树木和草地进行绘画。

8. 选择一种淡绿色（这里使用的 RGB 值为 92、157、13），从选项栏的下拉列表中选择"干燥"，再沿草地上边缘绘画以突出它。

9. 从草地采集一种更深的绿色，从选项栏的下拉列表中选择"非常潮湿，深混合"，再沿倾斜方向绘画，以混合前面的淡绿色和草地颜色，如图 11.22 所示。

使用干画笔添加淡绿色　　使用湿画笔混合颜色

图11.22

> **Ps** 提示：可按住 Alt（Windows）或 Option（Mac OS）键来采集颜色，而无需使用吸管工具。要使用键盘快捷键采集纯色，请从选项栏的"当前画笔载入"下拉列表中选择"只载入纯色"。

10. 采集一种淡绿色，并使用干画笔突出较亮的树木以及风景中央的小树木。再选择一种深绿色（这里使用的 RGB 值为 26、79、34），并从选项栏的下拉列表中选择"非常潮湿，深混合"。然后，使用湿画笔在树木区域混合颜色，如图 11.23 所示。

到目前为止，一切都不错，只有背景中的树木和棕色草地没有绘画。

11. 选择一种更深的蓝色（这里使用的 RGB 值为 65、91、116），并使用干画笔在背景树木的顶部绘画；再从选项栏的下拉列表中选择"潮湿"，并通过绘画将这种蓝色与树木混合。

12. 从长草中采集一种棕色，并从选项栏的下拉列表中选择"非常潮湿，深混合"。再使用垂直描边在长草顶部绘画，以营造草地效果。在风景中央的小树后面，使用水平描边进行绘画，如图 11.24 所示。

Ps | 提示：为获得不同的效果，请沿不同的方向绘画。使用混合器画笔时，可充分发挥你的艺术才能。

让树木更亮
图11.23

混合颜色

图11.24

就这样，你使用颜料和画笔创作出了一幅杰作，且没有需要清理的地方。

各种画笔设置

除本章介绍的画笔设置外，你还可探索众多其他的设置。具体地说，你可能应该探索画笔笔势和形状动态选项。

画笔笔势设置调整画笔的倾斜、旋转和压力。在画笔面板中，从左边的列表中选择"画笔笔势"。移动"倾斜X"滑块调整画笔的左右倾斜角度；移动"倾斜Y"滑块调整画笔的前后倾斜角度。修改"旋转"值可旋转硬毛，例如，使用平头扇形画笔时，旋转的效果将更明显。"压力"设置决定了画笔对画稿的影响。

形状动态设置影响描边的稳定性。增大滑块的值让描边更加变化多端。

如果你使用了Wacom绘图板，Photoshop能够识别光笔的角度和压力，并将这些设置用于画笔。你可使用光笔来控制"大小抖动"等设置；为此，可从与形状动态设置相关的"控制"下拉列表中选择"钢笔压力"或"钢笔倾斜"，让它们决定设置如何变化。

还有很多其他的选项可用于改变画笔效果，其中有些选项比较微妙，有些不那么微妙。你选择的笔尖形状决定了可设置哪些选项。有关各种选项的更详细信息，请参阅Photoshop帮助。

画廊

　　Photoshop CS6中的绘画工具和画笔笔尖让你能够创建各种绘画效果。

　　侵蚀笔尖让绘画更逼真。下面是使用Photoshop CS6新增的画笔笔尖和工具创作的一些艺术作品。

Image © sholby,www.sholby.net

Image © Lynette Kent,www.LynetteKent.com

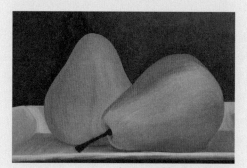

Image © Victoria Pavlov

Image © Janet Stoppee

Image © Brian Stoppee   Image © John Derry   Image © sholby, www.sholby.net

Image © John Derry

复习

复习题

1. 混合器画笔具备哪些其他画笔没有的功能?
2. 如何给混合器画笔载入颜料?
3. 如何清理混合器画笔?
4. 如何显示画笔预设的名称?
5. 什么是硬毛刷画笔预览? 如何隐藏它?
6. 何为侵蚀笔尖?

复习题答案

1. 混合器画笔混合画笔的颜色和画布上的颜色。
2. 可通过采集颜色给混合器画笔载入颜色。为此,可使用吸管工具或键盘快捷键 (按住 Alt 或 Option 键并单击),还可从选项栏中的下拉列表中选择 "载入画笔" 将画笔的颜色指定为前景色。
3. 要清理画笔,可从选项栏中的下拉列表中选择 "清理画笔"。
4. 要以名称的方式显示画笔预设,可打开画笔预设面板,再从画笔预设面板菜单中选择 "大列表" 或 "小列表"。
5. 硬毛刷画笔预览显示当前的画笔描边的方向,仅当启用了 OpenGL 时才可用。要隐藏 / 显示硬毛刷画笔预览,可单击画笔面板或画笔预设面板底部的 "切换硬毛刷画笔预览" 图标。
6. 当你绘画时,侵蚀笔尖会被逐渐消蚀掉,导致描边粗细不断变化。这就像铅笔和蜡笔,其笔尖形状随绘画而变化。

第12课 处理3D图像

在本课中，读者将学习以下内容：

- 从图层创建 3D 形状；
- 导入 3D 对象；
- 创建 3D 文本；
- 应用 3D 明信片效果；
- 使用 3D 轴操作 3D 对象；
- 调整相机视图；
- 在属性面板中设置坐标；
- 调整光源；
- 使用 3D 文件制作动画。

 本课需要大约 90 分钟。如果还没有将文件夹 Lesson12 复制到硬盘中，请现在就这样做。在学习过程中，请保留初始文件；如果需要恢复初始文件，只需从配套光盘再次复制即可。

为创建像照片一样逼真的图像，传统 3D 美工需要花数小时、数天甚至数周的时间。Photoshop 的 3D 功能让用户能够轻松地创建复杂而精确的 3D 图像，还能轻松地修改它们。

12.1　简　介

本课探索 3D 功能，当你的显卡支持 OpenGL 2.0 并在计算机中启用了时，才能使用这些功能。要了解你的显卡，可选择菜单"编辑"＞"首选项"＞"性能"（Windows）或"Photoshop"＞"首选项"＞"性能"（Mac OS）。该对话框的"图形处理器设置"部分包含了有关显卡的信息。

> **Ps** | **注意**：如果你使用的是 Windows XP 或显卡不支持 OpenGL 2.0，就无法使用 Photoshop 的 3D 功能。

在本课中，你将创建三维场景，用于做葡萄酒广告。首先来看看完成后的场景。

1. 启动 Photoshop 并立刻按下 Ctrl + Alt + Shift（Windows）或 Command + Option + Shift 快捷键（Mac OS）以恢复默认首选项（参见前言中的"恢复默认首选项"）。
2. 出现提示对话框时，单击"是"确认要删除 Adobe Photoshop 设置文件。
3. 选择菜单"文件"＞"在 Bridge 中浏览"，以启动 Adobe Bridge。
4. 在 Bridge 中，单击收藏夹面板中的 Lessons，再在内容面板中双击文件夹 Lesson12。
5. 在 Bridge 中查看文件 12End.psd。其中有一个带 3D 字母的木箱，木箱上是三维酒瓶、酒杯和销售卡。
6. 双击文件 12End.mp4 观看该电影，它使用光照动画模拟日出效果。观看完毕后，退出 QuickTime。
7. 双击文件 12Start.psd 在 Photoshop 中打开它。

图12.1

这个文件包含一幅葡萄园照片、一个黑色背景图层以及另外两个图层，如图 12.1 所示。

12.2　从图层创建 3D 形状

Photoshop 包含一些 3D 形状预设，其中包括几何形状和日常用品的形状（如酒瓶或圆环）。从图层创建 3D 形状时，Photoshop 将图层贴到预设的 3D 形状上，然后，用户可旋转 3D 对象、调整其位置和大小，甚至可使用众多彩色光源从各种角度照射 3D 对象。

下面首先创建用于放置酒瓶、酒杯和销售卡的木箱。为此，你将把包含木板图像的图层贴到一个 3D 立方体上。

图12.2

1. 选择菜单"文件"＞"存储为"。切换到文件夹 Lesson12，用文件名 12Working.psd 保存文件。如果出现"Photoshop 格式选项"对话框，单击"确定"按钮。
2. 在图层面板中，让图层 Wood 可见，再选择它，如图 12.2 所示。

3. 选择菜单"3D">"从图层新建网格">"网格预设">"立体环绕"。

4. 在 Photoshop 询问是否要切换到 3D 工作区时，单击"是"按钮，结果如图 12.3 所示。

图12.3

3D 工作区包含 3D 面板、图层面板和属性面板。处理 3D 对象时，你希望这些面板都触手可及。在 3D 工作区中，还显示了地平面、格栅和副视图窗口，其中格栅反映了地平面相对于 3D 对象的位置，而副视图窗口让你能够从不同的角度观看 3D 对象。

Photoshop 将图像环绕到一个立方体上。当前显示的是从正面看到的立方体。下面存储该文件，以便尝试使用各种 3D 工具后能够轻松地恢复到这种状态。

5. 选择菜单"文件">"存储"将文件存盘。

12.3　操作 3D 对象

显然，处理 3D 对象的优点是，用户可在三维空间内处理它们，还可随时调整 3D 图层的光照、颜色、材质和位置，而无需重新创建大量的元素。Photoshop CS6 提供了一些基本工具，使用它们可轻松地旋转 3D 对象、调整其大小和位置。选项栏中的 3D 工具用于操作 3D 对象；而应用程序窗口左下角的相机控件用于操作相机，让你能够从不同角度查看 3D 场景。

在图层面板中选择 3D 图层后，便可使用 3D 工具。3D 图层与其他图层一样，可对其应用图层样式、添加蒙版等。然而，3D 图层可能非常复杂。

与普通图层不同，3D 图层包含一个或多个网格，而网格定义了 3D 对象。在刚创建的图层中，网格立体环绕形状。每个网格又包含一种或多种材质，这些材质决定了整个或部分网格的外观。每种材质包含一个或多个纹理映射，这些纹理映射的积累效果决定了材质的外观。有九种典型的纹理映射（包括凹凸），每种纹理映射只能有一个，但用户也可使用自定义纹理映射。每种纹理映射包含一种纹理——定义纹理映射和材质外观的图像。纹理可能是简单的位图图形，也可能是一组图层。不同的纹理映射和材质可使用相同的纹理。在刚创建的图层中，纹理为木板图像。

除网格外，3D 图层还包含一个或多个光源，这些光源影响 3D 对象的外观，其位置在用户旋转或移动对象时保持不变。3D 图层还包含相机——在对象位于特定位置时存储的视图。着色器根据材质、对象属性和渲染方法创建最终的外观。

这听起来很复杂，但最重要的是别忘了，选项栏中的 3D 工具在 3D 空间内移动对象，而相机控件移动观看对象的相机。

1. 在工具面板中选择移动工具。

所有 3D 功能都放在移动工具中。如果当前选择的是 3D 图层，则选择移动工具后，选项栏将显示所有的 3D 工具。

2. 在选项栏的"3D 模式"部分，选择拖动 3D 对象工具。

3. 单击木板并拖曳，将其上下或左右移动，如图 12.4 所示。

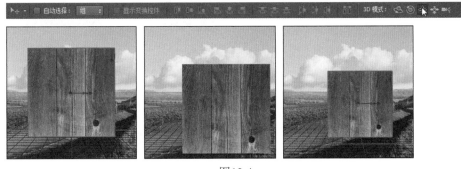

图12.4

4. 在选项栏中，选择滚动 3D 对象工具，再单击并拖曳立方体，如图 12.5 所示。

图12.5

5. 尝试使用其他工具，看看它们将如何影响 3D 对象。

你选择了 3D 对象时,Photoshop 将显示彩色的 3D 轴控件,它用绿色、红色和蓝色表示不同的轴。红色表示 X 轴、绿色表示 Y 轴,而蓝色表示 Z 轴(为加深记忆,想想 RGB 颜色)。将鼠标指向中心框并等它变成黄色后,可单击并拖曳以相同的比例缩放对象。单击并拖曳坐标轴箭头可沿相应的轴移动对象;单击并拖曳坐标轴箭头旁边的弯曲手柄可绕相应坐标轴旋转;单击并拖曳较小的手柄可沿相应坐标轴进行缩放。

> **PS** 提示:当你移动对象时,3D 轴控件也将相应地变化。例如,当 Z 轴指向屏幕时,可能能够看到 X 和 Y 轴的箭头。黄色中心框也可能被某条轴遮住。

6. 使用 3D 轴控件旋转、缩放和移动立方体。

7. 在应用程序窗口左下角的相机控件(有两条轴可见)上单击鼠标右键(Windows)或按住 Control 键并单击(Mac OS),再选择"俯视图",如图 12.6 所示。

"相机"菜单中的选项决定了从什么角度观看对象。相机角度变了,但对象本身没变。不要被它与背景图像的关系蒙蔽,背景图像不是 3D 的,因此你移动相机时,Photoshop 保留背景图像不变。

图12.6

8. 选择其他相机位置,看看它们将如何影响透视。

9. 尝试完毕后,选择菜单"文件" > "恢复",你将再次看到木头箱子的前视图。

12.4 添加 3D 对象

木头箱子只是本章场景中的 5 个 3D 元素之一。下面创建所有这些 3D 对象,再将它们合并到一个 3D 图层,以便能够将它们作为一个整体进行处理。位于同一个图层时,这些 3D 对象将共享相机和光源。

12.4.1 创建 3D 明信片

在 Photoshop CS6 中,可将 2D 对象转换为 3D 明信片,以便在 3D 空间中操作它。之所以叫明信片,是因为图像就像变成了明信片,可在手中随意翻转。

下面使用 3D 明信片来创建斜靠在酒瓶上的销售卡。

1. 单击"图层"标签以显示图层面板。

2. 让图层 Card 可见并选择它,如图 12.7 所示。

图12.7

3. 选择菜单"3D">"从图层新建网格">"明信片",结果如图 12.8 所示。

卡片看起来没有太大的不同,因为你是从前面观看的。后面操作它时,将非常明显地看出它是 3D 明信片。你很肯定它是 3D 对象的另一个原因是,Photoshop 切换到了 3D 面板、在左上角显示了副视图窗口、启用了选项栏中的 3D 工具,还在应用程序窗口的左下角显示了相机控件。

图12.8

12.4.2 从新图层创建 3D 网格

前面使用了一种 3D 网格预设将木头图像环绕在立方体上,但也可以使用将网格预设用于空的新图层。下面就通过这样做来创建一个酒瓶。

1. 显示图层面板,并确保选择了图层 Card。
2. 单击图层面板底部的"创建新图层"按钮。

图层 Card 上方将出现一个名为"图层 1"的新图层。

3. 在选择了"图层 1"的情况下,选择菜单"3D">"从图层新建 3D 网格">"网格预设">"酒瓶",结果如图 12.9 所示。

在卡片前面,出现了一个灰色的酒瓶形状。后面将指定该酒瓶的材质,让它看起来像玻璃的。

4. 在图层面板中,将"图层 1"重命名为 Bottle。

图12.9

12.4.3 导入 3D 文件

在 Photoshop CS6 中,可打开并处理使用诸如 Collada、3DS、KMZ(Google Earth)和 U3D 等应用程序创建的 3D 文件;还可处理以 Collada 格式(Autodesk 支持的一种文件交换格式)存储的文件。将 3D 文件作为 3D 图层添加时,3D 图层将包含 3D 模型和透明背景,该图层使用现有文件的尺寸,但用户可调整其大小。

下面导入一个 3D 酒杯,它是使用另一个应用程序创建的。

1. 选择菜单"3D">"从文件新建 3D 图层"。
2. 切换到文件夹 Lesson12\Assets,并双击文件 WineGlass.obj。

一个酒杯形状出项在酒瓶前面,并位于文档窗口中央,如图 12.10 所示。

3. 选择菜单"文件">"存储"保存所做的工作。

图12.10

12.4.4　创建 3D 文本

文本也可以是三维的。创建 3D 文本时，可旋转、缩放和移动，可指定材质，可修改光照（和投影），还可以凸出。下面在木箱正面添加 3D 文本。

1. 在工具面板中，选择横排文字工具。
2. 在窗口中央拖曳出一个文本框。
2. 在选项栏中，选择一种无衬线字体（如 Minion Pro），将字体样式设置为 Bold，并将字体大小设置为 72 点。
4. 以全部大写的方式输入 HI-WHEEL，如图 12.11 所示。

你创建了文本，但还不是三维的。下面将其转换为三维的。

5. 单击选项栏中的"更新此文本关联的 3D"按钮，如图 12.12 所示。

图12.11　　　　　　　　　　　　　　　　　　　图12.12

文本变成了 3D 的，而 Photoshop 显示其地面以及 3D 工作环境的其他部分。

12.5　合并 3D 图层以共享 3D 空间

同一个 3D 图层可包含多个 3D 网格。同一个图层的网格可以共享光照效果并在相同的 3D 空间（也称为场景）内旋转，以创建更逼真的 3D 效果。

下面合并前面创建的所有 3D 图层，让所有 3D 对象都属于同一个场景。

1. 显示图层面板。
2. 按住 Shift 键并选择图层 HI-WHEEL、WineGlass、Bottle、Card 和 Wood。

选择全部 5 个 3D 图层后，下面来合并它们。合并时务必按住 Shift 键，让这些图层对齐。

3. 按住 Shift 键并选择菜单"3D">"合并 3D 图层"，如图 12.13 所示。

Photoshop 将这些图层合并为一个图层，并将其命名为 Wood。由于合并图层时你按住了 Shift 键，对象的位置保持不变，如图 12.14 所示。

Ps 提示：如果你合并得到的图像不是这样的，可能是由于你在图层合并前松开了 Shift 键。请选择菜单"编辑">"还原合并图层"，再重做。

图12.13

图12.14

4. 选择菜单"文件">"存储"保存所做的工作。

12.6 调整对象在场景中的位置

所有的对象都在,但排列方式不是很有吸引力。下面使用画布控件和属性面板来调整每个 3D 对象的大小和位置,让场景引人注目。

12.6.1 修改相机视图

副视图窗口可从不同角度显示场景。下面使用它来查看对象,再修改相机视图,以便调整对象位置时能够更好地查看对象。

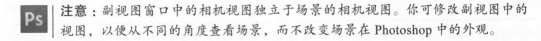

注意:副视图窗口中的相机视图独立于场景的相机视图。你可修改副视图中的视图,以便从不同的角度查看场景,而不改变场景在 Photoshop 中的外观。

1. 在文档窗口左上角的副视图窗口中,向上平移木箱,以便能够看到它下面的对象,如图 12.15 所示。

当前,副视图窗口的相机视图为俯视图,而你创建的对象都位于木箱前面。

2. 单击副视图窗口顶部的"选择视图 / 相机"按钮,并选择"左视图",如图 12.16 所示。

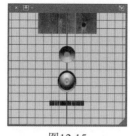

图12.15   图12.16

现在可以清晰地看到对象了，下面将这种视图用于
场景。

3. 在文档窗口左下角的相机控件上单击鼠标右
   键（Windows）或按住 Control 键并单击（Mac
   OS），再选择"左视图"，如图 12.17 所示。

图12.17

12.6.2 使用 3D 轴控件移动对象

酒瓶、酒杯和销售卡应位于木箱上面，而不是旁边。要操作 3D 图层中的各个对象，可在 3D
面板中选择相应的文件夹。下面使用 3D 轴控件将上述对象移到木箱上面。

 提示：在配套光盘的文件夹 Lesson12\Video 中，包含执行下述步骤的视频。要按
视频演示的方式做，请双击文件 PositioningObjects.mp4。

1. 显示图层面板组中的 3D 面板。
2. 按住 Shift 键，并选择文件夹 Card_ 图层、
   Bottle_ 图层和 WineGlass_ 图层。
3. 将鼠标指向 3D 轴控件的绿色箭头，直到看
   到工具提示"在 Y 轴上移动"。
4. 单击绿色箭头并向上拖曳，直到酒瓶底部与
   木箱顶部位于同一条水平线上，如图 12.18
   所示。

图12.18

5. 单击蓝色箭头，并将对象向左拖曳，直到
   它们位于木箱上方中央，如图 12.19 所示。
   此时可再次使用绿色箭头向上或向下拖曳
   对象。位置无需非常准确，后面你还有机
   会调整。

图12.19

Ps	提示：可修改 3D 轴控件的大小。为此，可将鼠标指向黄色中心框，在按住 Shift 键的情况下单击并拖曳，以增大或缩小 3D 轴控件。

至此，你移动了销售卡、酒瓶和酒杯。下面来移动文本，当前它显示为木箱旁边的一个黑色小方框。

6. 在 3D 面板中，展开文件夹 HI-WHEEL_ 图层，再选择文本 HI-WHEEL。

7. 使用 3D 轴控件中的绿色和蓝色箭头拖曳文本 HI-WHEEL，使其刚好位于木箱前面，如图 12.20 所示。

图12.20

别忘了，相机视图为左视图。要将文本移到木箱前面，需要让看起来它位于木箱右边。

8. 在相机控件上单击鼠标右键（Windows）或按住 Control 键并单击（Mac OS），再选择"默认视图"，如图 12.21 所示。

相机位置发生了变化，显示的是从前面看到的场景。

9. 在 3D 面板中，选择"环境"。

10. 选择选项栏中的拖动 3D 对象工具，再将全部对象都拖曳到画布右下角，如图 12.22 所示。

图12.21　　　　　　　　　　　　　　　　　图12.22

12.6.3　使用属性面板指定 3D 对象的位置

你做了一些不错的工作，但对象还未处于正确位置。下面在属性面板中修改坐标，将对象放到正确的位置。

1. 在 3D 面板中选择"场景"。

在选择了"场景"的情况下，所做的修改将影响整个 3D 场景。

2. 在属性面板中，单击"坐标"按钮以改变显示的选项。

3. 在"Y 旋转"文本框中，输入 -30，如图 12.23 所示。

整个 3D 场景相对于背景旋转了 30 度。下面缩放酒杯，并使其与酒瓶对齐。

图12.23

4. 在 3D 面板中，选择文件夹"WineGlass_ 图层"中的 objMesh。

5. 在属性面板中，将 X、Y 和 Z 缩放比例都设置为 55%，如图 12.24 所示。

6. 在 3D 面板中，按住 Shift 键并选择文件夹"Bottle_ 图层"和"WinGlass_ 图层"。

7. 单击 Photoshop 选项栏中的"底对齐"按钮，以对齐两个对象的下边缘（让它们都放在木箱上），如图 12.25 所示。

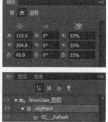

图12.24　　　　　　　　　　　　　　　　图12.25

酒杯与酒瓶更相称了，且与酒杯对齐了。下面将酒杯移到酒瓶右边，再将酒瓶移到木箱左边。

8. 在 3D 面板中，选择文件夹"WineGlass_ 图层"中的 ObjMesh，再在属性面板中的位置文本框中输入如下值：X 为 217.1，Y 为 274.2，Z 为 81.8，如图 12.26 所示。

9. 在 3D 面板中，选择文件夹"Bottle_ 图层"中的"酒瓶"，再在属性面板中的位置文本框中输入如下值：X 为 102.4，Y 为 388.7，Z 为 4.8。

10. 在属性面板中，将 X、Y 和 Z 缩放比例都设置为 120%，如图 12.27 所示。

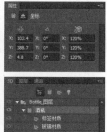

图12.26　　　　　　　　　　　　　　　　图12.27

11. 选择菜单"文件">"存储"保存所做的工作。

12.6.4 使用 3D 轴控件缩放和旋转对象

酒杯和酒瓶已处于正确位置，但文本和销售卡的位置依然不正确。下面使用 3D 轴控件来缩放它们，并将它们放到正确的位置。

1. 在 3D 面板中，展开文件夹"HI-WHEEL_ 图层"，再选择文本 HI_WHEEL。
2. 在选项栏中，选择旋转 3D 对象工具。
3. 拖曳 3D 轴控件上的红色箭头，使得文本在木箱前面居中。如果必要，拖曳蓝色箭头，沿前后和左右移动文本。
4. 将鼠标指向 3D 轴控件中央，等到中央的立方体变成黄色后，单击并拖曳，使文本的宽度与木箱相称（工具提示指出大约为原始尺寸的 135%），如图 12.28 所示。

图12.28

> **注意**：如果你更愿意输入坐标，请将 X、Y、Z 缩放比例都设置为 57%。因为原来的缩放比例大约为 42%，而 57 大约为 42 的 135%。

5. 在 3D 面板中，将文件夹"HI-WHEEL_ 图层"折叠起来，再展开文件夹"Card_ 图层"。
6. 选择"Card 网格"，再使用 3D 轴控件将其缩小到原来的大约 25%。
7. 拖曳 3D 轴控件的蓝色箭头，将销售卡沿 Z 轴向前移，直到销售卡的前端与木箱的前端齐平。
8. 拖曳绿色箭头，将销售卡向下移动，使其搁在木箱上。
9. 使用蓝色弯曲手柄旋转销售卡，让销售卡向边缘向后移动，直到看起来像是搁在酒瓶上，如图 12.29 所示。如果必要，使用蓝色、绿色和红色箭头进一步调整销售卡的位置。

所有对象都处于正确的位置！

10. 选择菜单"文件">"存储"保存所做的工作。

图12.29

12.7 指定 3D 对象的材质

处理 3D 对象时，可快速修改对象的外观。下面将材质应用于文本，使其更显眼，然后让酒瓶和酒杯看起来更逼真。

12.7.1 修改 3D 文本的外观

下面修改文本的形状，将其凸出，然后给 3D 文本的每个面应用材质。

1. 在 3D 面板中，展开文件夹"HI-WHEEL_ 图层"，再选择文本 HI-WHEEL。

2. 按 V 键在属性面板中的选项卡"网格"、"变形"、"盖子"和"坐标"之间切换，画布上
   显示的控件将不断变化。

3. 在属性面板中单击"变形"按钮，以显
   示变形属性。

4. 在属性面板中，从"形状预设"下拉列
   表中选择"斜面"（第 1 行的中间那个）。

5. 单击画布上的变形控件中央并拖曳，直到
   "凸出深度"大约为 23，如图 12.30 所示。

6. 按 V 键在属性面板中显示盖子属性。

图12.30

7. 向上拖曳画布上的控件，直到膨胀强度为 5，如图 12.31 所示。

斜面看起来很不错。下面给文本应用材质，使其熠熠发光。

8. 在 3D 面板中，通过按住 Shift 键选择文本 HI-WHEEL 的全部 5 个材质组件：HI-WHEEL
   前膨胀材质、HI-WHEEL 前斜面材质、HI-WHEEL 凸出材质、HI-WHEEL 后斜面材质和
   HI-WHEEL 后膨胀材质，如图 12.32 所示。

图12.31   图12.32

9. 在属性面板中，打开材质选择器。

10. 从设置菜单中选择"默认（适用于"光线跟
    踪"）"，如图 12.33 所示。Photoshop 询问是否
    要替换当前材质时，单击"确定"按钮。如果
    Photoshop 询问是否要保存对当前材质所做的修
    改，单击"否"。

材质选择器中出现了一组不同的材质。

11. 在材质选择器中，选择材质"金属 - 黄金"（第 4
    行的中间那个），如图 12.34 所示。

3D 文本的各个表面都是金色的。后面将采取同样的
步骤给酒瓶和酒杯应用材质。

12. 在 3D 面板中，将文件夹"HI-WHEEL_ 图层"折叠起来。

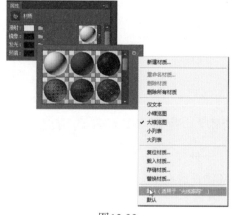

图12.33

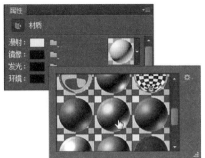

图12.34

12.7.2 给对象应用材质

下面采取类似的步骤给酒瓶的木塞、玻璃和标签应用材质，然后让酒杯看起来更逼真。

1. 在 3D 面板中，选择文件夹"Bottle_ 图层"中的"木塞材质"。

这种材质只应用于酒瓶的木塞区域。

2. 在属性面板中，打开材质选择器，再选择"金属 - 黄铜（实心）"（第 3 行中间那个）。

酒瓶的木塞部分看起来就像包上了箔纸。

3. 在 3D 面板中，选择"玻璃材质"，再从材质选择器中选择"绿宝石"。

4. 在属性面板中，单击漫射色块，选择一种非常深的绿色，再打开"确定"按钮。然后，将环境色块改为类似的深绿色。

5. 在属性面板中，按如下设置各个滑块（如图 12.35 所示）。

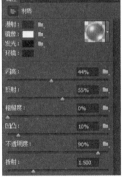

- 闪亮：44%。
- 反射：55%。
- 凹凸：10%。
- 不透明度：90%。
- 折射：1.5。

图12.35

6. 在 3D 面板中，选择"标签材质"。在属性面板中，单击漫射色块旁边的图标，并选择"替换纹理"。切换到文件夹 Lesson12\Assets，再双击 Label.psd（在 Windows 中，从"文件类型"下拉列表中选择"Photoshop（ *.PSD, *.PDD）"，以便能够看到文件 Label.psd；你可能需要向上滚动才能看到该选项），如图 12.36 所示。

图12.36

7. 在 3D 面板中，选择"酒瓶"，再单击属性面板顶部的"坐标"按钮，并将"Y 旋转"设置为 -34 度，以便能够看到更多标签，如图 12.37 所示。

8. 在 3D 面板中，展开文件夹"WineGlass_ 图层"，再选择材质组件"02_Default"。

9. 在材质选择器中，选择"玻璃（光滑）"（第 3 行的第一个）。

10. 在属性面板中，按如下设置各个滑块（如图 12.38 所示）。

- 闪亮：95%。

- 反射：83%。

- 粗糙度：0%。

- 凹凸：10%。

- 不透明度：22%。

- 折射：1。

 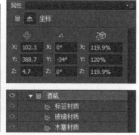
图12.37

图12.38

11. 选择菜单"文件">"存储"。

12.8 给 3D 场景添加光照效果

你可以调整场景的默认光源，还可以添加新的光源。光源决定了场景的阴影、高光和意境。

1. 在 3D 面板中，选择"无限光 1"（该面板中的最后一项）。

当你创建 3D 场景时，Photoshop 默认创建一个无限光源。当你选择该光源时，画布上将出现相应的控件，帮助你调整光源。移动大球可改变光照范围；调整小球可改变光照方向。

图12.39

2. 使用小球将光源放到左上角（大约 11 点的位置），让酒瓶瓶颈中央出现长长的高光区域，如图 12.39 所示。

Ps **注意**：光源控件的大小取决于图像缩放比例。你看到的光源控件可能比这里显示的更大，也可能更小。

---

3. 在光源（白圆图标）上单击鼠标右键（Windows）或按住 Control 键并单击（Mac OS），以打开"无限光 1"面板。然后，将颜色改为淡金色（这里使用 RGB 值为 251、242、203 的颜色），再将"强度"设置为 75%，如图 12.40 所示。

图12.40

注意：可在"无限光 1"面板中进行修改，也可在属性面板中修改。

4. 单击 3D 面板底部的"将新光源添加到场景"按钮，并选择"新建无限光"。
5. 在选择了"无限光 2"的情况下，在属性面板中将颜色改为与前面类似的淡金色，再将"强度"改为 30%。
6. 在 3D 面板中依然选择了"无限光 2"的情况下，移动画布上光源控件上的小球，将光源移到大约 1 点的位置，让酒瓶边缘有漂亮的高光，如图 12.41 所示。
7. 单击 3D 面板底部的"将新光源添加到场景"按钮，并选择"新建点光"。
8. 在 3D 面板中，选择"点光 1"，再在属性面板中将"强度"改为 30%。
9. 使用画布上的控件将光源拖放到酒杯中央，如图 12.42 所示。

图12.41　　　　　　　　　　　　　　图12.42

10. 选择菜单"文件" > "存储"保存所做的工作。

12.9　渲染 3D 场景

在 Photoshop 中创建场景时，你非常清楚场景会是什么样的。但最终的场景有多逼真呢？这只有等到渲染后才知道。你可随时渲染场景的一小部分，也可等到你认为就要完成时再渲染整个场景。渲染是个非常耗时的过程，且渲染场景后，每次修改都将导致重新渲染。

提示：可修改 Photoshop 渲染场景时执行处理的遍数。为此，可选择菜单"编辑" > "首选项" > "3D"（Windows）或"Photoshop" > "首选项" > "3D"（Mac OS），再修改"光线跟踪"部分的"高品质阈值"设置。

现在可以渲染该场景了，但如果你打算完成后面的练习，请等到给场景添加光照动画后再渲染。

1. 选择菜单"文件">"存储为"，并使用名称 12_render.psd 保存文件。如果出现"Photoshop 格式选项"对话框，单击"确定"按钮。

通过使用独立的文件进行渲染，可确保你能够更快速地修改原件。

2. 在 3D 面板中，选择"场景"以确保选择了整个场景。

3. 单击属性面板底部的"渲染"按钮，如图 12.43 所示。

 提示：渲染可能需要很长时间，这取决于你的系统。

图12.43

Photoshop 将渲染该文件。渲染可能几分钟就完成了，也可能需要半个小时甚至更长的时间，这取决于你的系统。

 提示：如果你需要中断渲染或深信质量足够好，可单击图像的任何地方以停止渲染。

制作3D场景光照动画

你可制作视频，以模拟黎明时分时间流逝的过程，方法是给背景设置不同的光照和不透明度状态。有关如何使用时间轴面板制作基于属性的动画，请参阅第10章。

1. 单击应用程序窗口底部的"时间轴"标签，以打开时间轴面板。

2. 单击"创建视频时间轴"按钮，Photoshop将文档图层加入到了时间轴中，如图12.44所示。

图12.44

3. 向左拖曳剪辑Wood的终点，将其持续时间缩短到与剪辑Landscape一致（05:00f）。

4. 显示剪辑Landscape的属性，将播放头移到时间标尺末尾，再单击属性"不透明度"的秒表图标，以创建一个关键帧。

5. 将播放头移到时间标尺开头。

6. 显示图层面板。在图层面板中，将图层Landscape的不透明度改为0%，如图12.45所示。

图12.45

7. 在时间轴面板中，隐藏剪辑 Landscape 的属性，显示剪辑 Wood 的属性，再展开"3D 光源"。

8. 将播放头移到时间标尺末尾，再单击全部三个 3D 光源的秒表图标。

9. 将播放头移到时间标尺开头。

10. 显示 3D 面板，并选择"无限光 1"。使用画布上的控件向下移动该光源。然后，选择"无限光 2"，并向下移动该光源。

11. 选择"点光 1"，并将其拖曳到场景底部，如图 12.46 所示。

图12.46

12. 单击时间轴面板中的"播放"按钮预览动画，再根据需要做必要的调整。

13. 在 3D 面板中，选择"场景"以确保选择了整个场景。

14. 从时间轴面板菜单中选择"渲染视频"。

15. 如果你的计算机较慢，在"渲染视频"对话框底部的"3D 品质"下拉列表中选择"交互"，否则选择"光线跟踪草图"。

16. 保留其他选项的默认设置，并单击"渲染"按钮。

17. Photoshop 完成视频渲染后，双击文件夹 Lesson12\Assets 中的文件 12Working. mp4，以观看该视频。

复习

复习题

1. 3D 图层与 Photoshop 中的其他图层有何不同?
2. 如何修改相机视图?
3. 如何给对象应用材质?
4. 在 3D 轴控件中,各个轴都用什么颜色表示?
5. 如何渲染 3D 场景?

复习题答案

1. 3D 图层与其他图层一样,可对其应用图层样式、添加蒙版等。然而,与普通图层不同,3D 图层包含一个或多个定义 3D 对象的网格。用户可处理 3D 图层包含的网格、材质、纹理映射和纹理,还可调整 3D 图层的光源。
2. 要修改相机视图,可移动相机控件,也可在该控件上单击鼠标右键(Windows)或按住 Control 键并单击(Mac OS),再选择一种相机视图预设。
3. 要应用材质,可在 3D 面板中选择材质组件,再在属性面板中选择材质并指定设置。
4. 在 3D 轴控件中,红色箭头表示 X 轴,绿色箭头表示 Y 轴,蓝色箭头表示 Z 轴。
5. 要渲染 3D 场景,可在 3D 面板中选择"场景",再单击属性面板底部的"渲染"按钮。

第13课 处理用于Web的图像

在本课中，读者将学习以下内容：

- 在 Photoshop 中将图像分割为切片；

- 区分用户切片和自动切片；

- 将用户切片链接到其他 HTML 页面或位置；

- 优化用于 Web 的图像及做出正确的压缩选择；

- 将高分辨率的大型图像导出为支持缩放和平移的文件；

- 使用 Web 画廊展示图像。

 本课所需时间不超过 1 小时。如果还没有将文件夹 Lesson13 复制到硬盘中，请现在就这样做。在学习过程中，请保留初始文件；如果要恢复初始文件，只需从配置光盘中再次复制它们即可。

Web 用户期望单击链接图形可跳转到其他地方或激活动画。通过添加链接到其他地方的切片，可在 Photoshop 中处理用于 Web 的图像。

13.1 概　述

在本课中，读者需要使用诸如 Firefox、Netscape、Internet Explorer 或 Safari 等 Web 浏览器，但不需要连接到 Internet。

读者将对一个西班牙美术馆主页中的图形进行微调。读者将添加链接到主题的一些超文本链接，让访问者能够跳到该网站中已创建好的其他网页。

下面首先查看最终的 HTML 页面，它是基于单个 PSD 文件创建的。

1. 启动 Photoshop 并立刻按下 Ctrl + Alt + Shift（Windows）或 Command + Option + Shift 快捷键（Mac OS）以恢复默认首选项（参见前言中的"恢复默认首选项"）。

2. 出现提示对话框时，单击"是"确认要删除 Adobe Photoshop 设置文件。

3. 选择菜单"文件" > "在 Bridge 中浏览"。

4. 在 Bridge 中，单击收藏夹面板中的文件夹 Lessons，再在内容面板中依次双击文件夹 Lesson13、13End 和 Site。文件夹 Site 中包含读者将处理的网站内容。

5. 在文件 home.html 上单击鼠标右键（Windows）或按住 Control 键并单击（Mac OS），然后从上下文菜单中选择"打开方式"，并选择一个 Web 浏览器来打开它，如图 13.1 所示。

图13.1

6. 将光标指向网页左边的主题和其他图像。将鼠标指向链接时，光标从箭头变成了手形，如图 13.2 所示。

图13.2

7. 单击页面右下角的天使图像将打开
   Zoomify 窗口，如图 13.3 所示。单
   击 Zoomify 控件，看看它们如何缩
   放或移动图像。

图13.3

8. 要返回到主页，只需关闭 Zoomify 窗
   口或选项卡即可。
9. 单击其他图像，在独立的窗口中仔细
   查看它们；查看完毕后，关闭其浏览
   器窗口。
10. 在主页中，单击左边的主题跳转到链
    接的页面。要返回到主页，只需单击
    窗口左上角的徽标下方的链接 Museo
    Arte 即可。
11. 浏览完网页后，关闭 Web 浏览器并返
    回到 Bridge。
12. 在 Bridge 中，单击窗口顶部的路径栏
    中的文件夹 Lesson13 以显示其内容。
    双击内容面板中的文件夹 13Start，
    再双击文件 13Start.psd 的缩览图在
    Photoshop 中打开该文件，如图 13.4
    所示。

图13.4

13. 选择菜单"文件">"存储为"，并将文件重命名为 13Working.psd。在"Photoshop 格式选
    项"对话框中单击"确定"按钮。存储文件副本并保留初始文件以防需要使用初始文件。
   在上述步骤中，读者使用了两种链接：切片（网页左边的主题）和图像（男孩、NewWing
Open 和天使）。
   切片是图像中的一个矩形区域，可基于图像中的图层、参考线或选区来定义切片，也可使用
切片工具来创建。你在图像中定义切片时，Photoshop 将创建 HTML 表或级联样式表（CSS）来包
含和对齐切片。如果你愿意，也可生成并预览包含切片图像和级联样式表的 HTML 文件。
   也可给图像添加超文本链接，让访问者能够单击图像来打开链接的网页。不像切片那样总是
矩形的，图像可以为任何形状。

13.2 创建切片

用户将图像中的矩形区域定义为切片时，Photoshop 将创建一个 HTML 表来包含和对齐切片。创建切片后，可将其转换为按钮并让其响应用户操作。

用户在图像中创建切片（用户切片）时，将自动创建其他切片（自动切片），它们覆盖了图像中余下的区域。

13.2.1 选择切片及设置切片选项

下面将选择原始文件中一个现有的切片，该切片是笔者创建好的。

1. 在工具面板中，选择隐藏在裁剪工具（ ）后面的切片选择工具（ ）。

选择切片工具或切片选择工具后，Photoshop 将在图像中显示切片和切片编号，如图 13.5 所示。

编号为 01 的切片覆盖了图像的左上角，它还有一个类似于小山的小图标（标记）。蓝色表明该切片为用户切片——笔者在原始文件中创建的切片。

另外，还有用灰色标识的切片——01 号切片右边和下方的 02 号切片和 03 号切片。灰色表

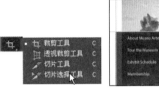

图13.5

明这些切片是自动切片——创建用户切片导致 Photoshop 自动创建的切片。小山图标表明切片包含图像内容，有关各种切片符号的描述，请参阅后面的"切片符号"。

2. 在图像的左上角，单击带蓝色矩形的编号 01 的切片，将出现一个金色定界框，指出该切片被选中。

切片符号

了解图像窗口和"存储为Web所用格式"对话框中蓝色和灰色切片符号的含义后，它们将是很有用的提示。切片可包含任意数量的标记。下面的标记将在指定的条件下出现。

（ 01 ）切片的编号。在图像中，以从左到右、从上到下的顺序对切片进行编号。

（ ）切片包含图像内容。

（ ）切片包含非图像内容。

（ ）切片是基于图层的，它是从图层创建的。

（ ）切片已链接到其他切片（旨在优化）。

3. 使用切片选择工具双击切片 01，这将打开"切片选项"对话框。默认情况下，Photoshop 根据文件名和切片号给每个切片命名，这里为 13Working_01，如图 13.6 所示。

图13.6

如果不设置其选项，切片的用处不大。切片选项包含切片名以及用户单击切片时将打开的 URL。

Ps **注意**：可设置自动切片的选项，但这样做将自动把自动切片提升为用户切片。

---

4. 在"切片选项"对话框中，将切片重命名为 Logo。将 URL 设置为 #，这样可在无需指定
实际链接的情况下预览按钮的功能。在
网站设计的早期，在需要查看按钮的外
观和行为时，这很有用。

5. 单击"确定"按钮让修改生效，如图
13.7 所示。

图13.7

13.2.2　创建导览按钮

下面在网页左边创建用作导览按钮的切片。可以每次选择一个按钮，并设置其导览属性；但
可采取一种更快速的方式完成这项任务。

1. 在工具面板中选择切片工具（ ✐ ）或按 Shift + C 快捷键（裁剪工具、透视裁剪工具、切片
工具和切片选择工具的快捷键都是 C，要在这 4 个工具之间切换，可按 Shift + C 快捷键）。
注意到已经在图像左边的单词上方和下方放置了参考线。

2. 根据图像左边的参考线，绘制一个从第一行左上方到最后一行右下方的方框，以环绕全部
5 行文本。

新创建的切片的编号为 05，其左上角有一
个与切片 01 类似的蓝色矩形，如图 13.8 所示。
蓝色表示这是用户切片，而不是自动切片。金
色定界框指出了切片的边界，并表明该切片被
选中。

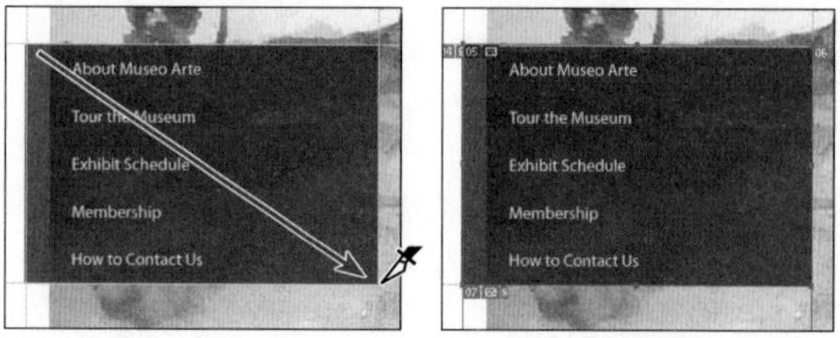

图13.8

自动切片 03 仍包含灰色矩形，但覆盖的区域更小，只占据文本上方的一个小矩形。在刚创建的切片下方出现了一个编号 07 的自动切片。

3. 在仍选择了切片工具的情况下，按 Shift + C 快捷键切换到切片选择工具（）。图像窗口上方的选项栏将发生变化，出现一系列对齐按钮。

下面将该切片分成 5 个按钮。

4. 单击选项栏中的"划分"按钮。

5. 在"划分切片"对话框中，选中复选框"水平划分为"，并在文本框中输入 5，再单击"确定"按钮，如图 13.9 所示。

下面为每个切片命名并添加链接。

图13.9

6. 使用切片选择工具双击第一个切片（该切片包含文本 About Museo Arte）。

7. 在"切片选项"对话框中，将切片命名为 About，将 URL 设置为 about.html，将目标设置为 _self（务必在字母 s 前添加下画线），再单击"确定"按钮，如图 13.10 所示。

图13.10

"目标"选项指定用户单击链接时如何打开链接到的文件，_self 指定在原始文件所在的框架中打开链接的文件。

8. 从第 2 个切片开始，依次对其他切片重复第 6 ~ 7 步，具体设置如下。

- 对于第 2 个切片，将名称设置为 Tour，将 URL 设置为 tour.html，将目标设置为 _self。
- 对于第 3 个切片，将名称设置为 Exhibits，将 URL 设置为 exhibits.html，将目标设置为 _self。
- 对于第 4 个切片，将名称设置为 Members，将 URL 设置为 members.html，将目标设置为 _self。
- 对于第 5 个切片，将名称设置为 Contact，将 URL 设置为 contact.html，将目标设置为 _self。

Ps | **注意**：务必在文本框"URL"中输入前面指定的 HTML 文件名，以便与要链接到的现有网页名匹配。

---

9. 选择菜单"文件">"存储"，保存所做的工作。

Ps | **提示**：如果觉得自动切片指示器影响注意力，可选择切片选择工具，并单击选项栏中的"隐藏自动切片"按钮。也可以选择菜单"视图">"显示">"参考线"，将参考线隐藏，因为不再需要它们了。

13.2.3 创建基于图层的切片

除使用切片工具创建切片外，还可基于图层来创建切片。基于图层创建切片的优点是，Photoshop 将根据图层的尺寸创建切片，并包括图层的所有像素数据。用户编辑图层、移动图层或对其应用图层效果时，基于图层的切片将自动调整以涵盖图层的所有像素。

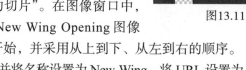

图13.11

1. 在图层面板中，选择图层 New Wing，如图 13.11 所示。如果无法看到图层面板的全部内容，可将其拖出停放区，并通过拖曳其右下角将其扩大。

2. 选择菜单"图层">"新建基于图层的切片"。在图像窗口中，一个编号为 04 的蓝色矩形将出现在 New Wing Opening 图像中。对切片编号时，从图像的左上角开始，并采用从上到下、从左到右的顺序。

3. 使用切片选择工具（）双击该切片，并将名称设置为 New Wing，将 URL 设置为 newwing.html，将目标设置为 _blank，再单击"确定"按钮，如图 13.12 所示。目标设置 _blank 指定在一个新的 Web 浏览器窗口中打开链接的网页。

图13.12

务必按指定值设置这些选项，以便让切片链接到笔者创建好的网页。

下面基于图层 Image 1 和 Image 2 创建切片。

4. 对余下的图像重复第 1 ~ 3 步：

基于图层 Image 1 创建一个切片，将其命名为 Image 1，将 URL 设置为 image1.html，将目标设置为 _blank，再单击"确定"按钮；

基于图层 Image 2 创建一个切片，将其命名为 Card，将 URL 设置为 card.html，将目标设置为 _blank，再单击"确定"按钮。

读者可能注意到了，除前面指定的切片选项外，"切片选项"对话框还包含其他选项。有关如何使用这些选项的更详细信息，请参阅 Photoshop 帮助。

5. 选择菜单"文件">"存储"保存所做的工作。

13.3 导出 HTML 和图像

至此，读者定义了切片和链接，可以将文件导出以创建一个将所有切片作为一个整体显示的 HTML 页面。

应确保 Web 图形（文件大小）尽可能小，以便能够快速打开网页，这很重要。Photoshop 内置了度量工具，让用户能够确定以多小的程度导出每个切片时不会影响图像质量。一个不错的经验规则是，对于照片等连续调图像，应使用 JPEG 压缩；对于大块纯色区域（如该网页中除 3 幅主要图像外的区域），应使用 GIF 压缩。

下面使用 Photoshop 的"存储为 Web 所用格式"对话框来比较不同图像的设置和压缩。

1. 选择菜单"文件">"存储为 Web 所用格式"。

2. 在"存储为 Web 所用格式"对话框顶部选择"双联"，如图 13.13 所示。

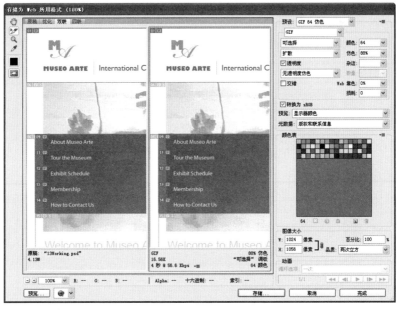

图13.13

3. 使用对话框中的抓手工具（🖐）在窗口中移动图像，以便能够看到男孩。

4. 在对话框中选择切片选择工具（✄），并选择左边图像的切片 17，注意到对话框底部显示了该图像的大小。

5. 从对话框右边的"预设"下拉列表中选择"JPEG 中"。请注意显示在图像下方的图形大小，选择"JPEG 中"后文件显著减小，如图 13.14 所示。接下来看看右边图像的切片 17 的 GIF 设置。

6. 使用切片选择工具选择右边图像中的切片 17，从对话框右边的"预设"下拉列表中选择"GIF 32 无仿色"。

注意到肖像右边的颜色显得缺乏层次感且色调分离程度更严重，但图像大小变化不大，如图 13.15 所示。

图13.14   图13.15

下面根据前面介绍的知识为网页中的所有切片指定压缩方式。

7. 单击对话框顶部的"优化"标签。

8. 在选择了切片选择工具的情况下，按住 Shift 键并单击以选择预览窗口中三幅主要的图像，再从"预设"下拉列表中选择"JPEG 中"，如图 13.16 所示。

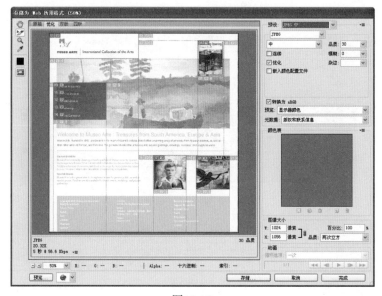

图13.16

9. 在对话框中，通过按住 Shift 键并单击选择其他所有切片，再从下拉列表"预设"中选择"GIF 64 仿色"。

10. 单击"存储"按钮，在"将优化结果存储为"对话框中，切换到文件夹 Lesson13\13Start\Museo，该文件夹包含切片链接到的所有页面。

11. 从下拉列表"保存类型"中选择"HTML 和图像"，从下拉列表"设置"中选择"默认设置"，从下拉列表"切片"中选择"所有切片"，将文件命名为 home.html，并单击"保存"按钮，如图 13.17 所示。如果出现"替换文件"对话框，单击"替换"按钮。

12. 在 Photoshop 中，选择菜单"文件">"在 Bridge 中浏览"以切换到 Bridge。单击收藏夹面板中的文件夹 Lessons，再在内容面板中依次双击文件夹 Lesson13、13Start 和 Museo。

图13.17

13. 在文件 home.html 上单击鼠标右键（Windows）或按住 Control 键并单击（Mac OS），再从上下文菜单中选择"打开方式"，并选择一种 Web 浏览器来打开该 HTML 文件。

14. 在 Web 浏览器中，在 HTML 文件中导览。

将光标指向一些你创建的切片，注意到光标将变成手形，表明这是一个按钮。

单击男孩图像，将在独立的窗口中打开该图像，如图 13.18 所示。

图13.18

单击链接 New Wing Opening，将在一个独立的窗口中打开它链接的页面，如图 13.19 所示。

单击左边的文本链接跳转到网站的其他网页，如图 13.20 所示。

15. 测试完毕后关闭浏览器。

图13.19

图13.20

优化用于Web的图像

优化指的是选择格式、分辨率和质量设置，使图像在效率、视觉吸引力方面都适合用于网页中。简单地说，需要在文件大小和图像质量之间进行折中。并不存在一组可使每种类型的图像文件的效率都最高的设置，优化需要判断力和眼光。

可用的压缩选项随用于存储图像的文件格式而异。两种最常见的格式是JPEG和GIF。JPEG用于保留连续调图像（如照片）中广阔的颜色范围和细微的亮度变化，可使用数百万种颜色来表示图像；GIF格式适合用于压缩纯色图像和包含重复图案的图像，如线条画、徽标和带文字的插图，它使用256种颜色来表示图像，且支持背景透明度。

Photoshop提供了大量用于压缩图像文件的大小，同时优化屏幕显示质量的选项。通常，应在将图像存储为HTML文件前对其进行优化。为此，在Photoshop中可使用"存储为Web所用格式"对话框对原始图像与一个或多个压缩后的版本进行比较，并在比较时修改设置。有关优化GIF和JPEG图像的更详细信息，请参阅Photoshop帮助。

13.4 使用 Zoomify 功能

通过使用 Zoomify 功能，可在 Web 上发布高分辨率图像，让访问者能够平移和放大图像，以便查看更多细节。这种图像的下载时间与同等大小的 JPEG 图像相当。在 Photoshop 中，可导出 JPEG 和 HTML 文件，以便将其上传到网上。Zoomify 适用于任何 Web 浏览器。

1. 在 Bridge 中，单击窗口顶部的路径栏中的文件夹 13Start，然后双击文件 card.jpg，在 Photoshop 中打开它。

这是一个大型位图图像，读者将使用 Zoomify 功能将其导出为 HTML。下面将该天使图像转换为一个 HTML 文件，作为前面在主页中创建的一个链接的目标。

2. 选择菜单"文件" > "导出" > "Zoomify"。

3. 在"Zoomify 导出"对话框中，单击"文件夹"按钮，切换到文件夹 Lesson13\13Start\

Museo。在文本框"基本名称"中输入 Card，将"品质"设置为 12，将"宽度"和"高度"分别设置为 800 和 600，并确保选中了复选框"在 Web 浏览器中打开"，如图 13.21 所示。

4. 单击"确定"按钮导出 HTML 文件和图像，Zoomify 将在你的 Web 浏览器中打开它们，如图 13.22 所示。

图13.21

图13.22

5. 使用 Zoomify 窗口中的控件缩放天使图像。
6. 完成后关闭浏览器。

13.5 创建 Web 画廊

使用 Bridge 可轻松地在在线画廊中展示图像，让访问者能够欣赏各幅图像或以幻灯片方式欣赏图像。下面在博物馆网站中创建一个 Web 画廊，而 exhibits.html 文件包含一个到该画廊的链接。

1. 在 Bridge 中，双击文件夹 Watercolors，该文件夹位于文件夹 Lesson13\13Start 中。

下面使用文件夹 Watercolors 中的图像创建幻灯片式 Web 画廊。

2. 在 Bridge 中，选择第一幅图像，然后按住 Shift 键并单击最后一幅图像以选择所有图像。别忘了，你可使用窗口底部的缩览图滑块来缩小缩览图，以便在内容面板中显示所有的图像，如图 13.23 所示。

3. 单击 Bridge 窗口顶部的"输出"按钮切换到"输出"工作区。如果没有"输出"按钮，请选择菜单"窗口">"工作区">"输出"。

图13.23

4. 在输出面板中，单击"Web 画廊"按钮。

5. 如果没有显示"站点信息"的内容，单击它旁边的三角形。在"站点信息"部分，在"画廊标题"文本框中输入 Watercolors，在"画廊题注"文本框中输入 Paintings from the Watercolors exhibit，在"关于此画廊"文本框中输入 Now showing at Museo Arte。如果愿意，也可添加联系人姓名和信息。

6. 单击"站点信息"旁边的三角形折叠其内容。向下滚动到"创建画廊"部分，如果其内容不可见，请展开它。

7. 将画廊命名为 Watercolors，再单击"浏览"按钮并切换到文件夹 Lesson13\13Start\Museo，然后单击"确定"或"选择"按钮关闭"选择文件夹"对话框，结果如图 13.24 所示。最后，在 Bridge 的"输出"面板中，单击"存储"按钮。

Bridge 将创建一个名为 Watercolors 的画廊文件夹，其中包含了一个 index.html 文件和一个包含水彩画图像的文件夹 resources。

8. 当 Bridge 报告画廊已创建好时，单击"确定"按钮。然后，单击 Bridge 窗口顶部的"必要项"按钮恢复到默认工作区。

9. 切换到文件夹 Lesson13\13Start\Museo，再双击文件夹 Watercolors（Bridge 创建的画廊文件夹）。在 index.html 上单击鼠标右键或按住 Control 键并单击，再从上下文菜单中选择"打开方式"并选择一种浏览器。

10. 如果出现安全性警告对话框，单击"确定"按钮或按说明修改设置。

这将打开画廊，其中一幅图像显示在右边，其他图像的缩览图显示在左边，如图 13.25 所示。

图13.24

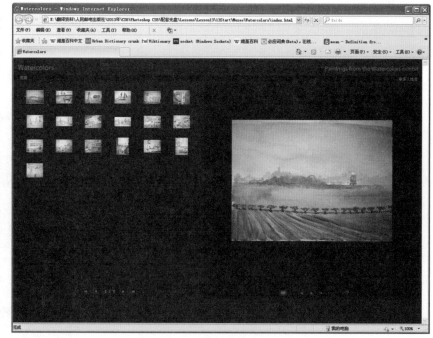

图13.25

11. 单击大图像下面的"查看幻灯片放映"按钮,开始放映幻灯片。单击特写图像下面的"查看画廊"按钮可返回到画廊视图。

12. 关闭浏览器应用程序。

文件 exhibits.html 包含一个到刚创建的文件夹的链接,条件是读者按第 7 步指定的方式给文件夹命名。下面打开网站并使用该链接查看画廊。

13. 在 Bridge 中,切换到文件夹 Lesson13\13Start\Museo,在文件 home.html 上单击鼠标右键(Windows)或按住 Control 键并单击(Mac OS),再从上下文菜单中选择"打开方式",并选择一种 Web 浏览器以打开该 HTML 文件。

14. 在网站中,单击导览区域中的链接 Exhibits Schedule。在 Exhibits Schedule 网页中,单击链接 Watercolor SlideShow,如图 13.26 所示。这将打开画廊。

图13.26

15. 如果读者愿意,可进一步探索画廊和网站。完成后,关闭浏览器、Bridge 和 Photoshop。

你开始了使用 Photoshop 图像创建引人入胜网站的旅程。你学习了如何创建切片、如何优化用于 Web 的图像、如何使用 Zoomify 以及如何在 Bridge 中创建 Web 画廊。

复习

复习题

1. 切片是什么？如何创建？
2. 何为图像优化？如何优化图像以用于 Web ？
3. 如何创建幻灯片式 Web 画廊？

复习题答案

1. 切片是用户定义的矩形图像区域，可对其进行 Web 优化及添加动画 GIF、URL 链接和翻转效果。可使用切片工具来创建切片，也可使用"图层"菜单创建基于图层的切片。
2. 图像优化指的是选择格式、分辨率和质量设置，让图像在效率、视觉吸引力方面都适合用于网页中。连续调图像通常应使用 JPEG 格式，而纯色图像或包含重复图案的图像通常应使用 GIF 格式。要在 Photoshop 中优化图像，可选择菜单"文件" > "存储为 Web 所用格式"。
3. 要创建幻灯片式 Web 画廊，可使用 Bridge。在 Bridge 中，选择要包含在 Web 画廊中的文件，再单击"输出"面板中的"Web 画廊"按钮。指定合适的设置，并保存画廊。Bridge 将创建一个 index.html 文件，其中包含幻灯片以及到选定文件的链接。

第14课 生成和打印一致的颜色

在本课中，读者将学习以下内容：

- 为显示、编辑和打印图像定义 RGB、灰度和 CMYK 色彩空间；

- 准备使用 PostScript CMYK 打印机打印的图像；

- 校样用于打印的图像；

- 将图像保存为 CMYK EPS 文件；

- 创建和打印四色分色；

- 准备用于出版印刷的图像。

 本课所需时间不超过 1 小时。如果还没有将文件夹 Lesson14 复制到硬盘中，请现在就这样做。在学习过程中，请保留初始文件；如果需要恢复初始文件，只需从配套光盘中再次复制它们即可。

　　要生成一致的颜色，需要定义在其
中编辑和显示 RGB 图像以及编辑、显
示和打印 CMYK 图像的颜色空间。这
有助于确保屏幕上显示的颜色和打印的
颜色极其接近。

14.1 色彩管理简介

在显示器上，通过组合红光、绿光和蓝光（RGB）来显示颜色；而印刷颜色通常是通过组合4种颜色——青色、洋红、黄色和黑色（CMYK）——的油墨得到的。这四种油墨被称为印刷色，因为它们是印刷过程中使用的标准油墨。图14.1和图14.2说明了RGB图像和CMYK图像。

RGB图像包含红、绿、蓝通道

图14.1

注意：本课的一个练习要求读者的计算机连接了PostScript彩色打印机；即使没有，读者也能够完成该练习的大部分（但不是全部）。

CMYK图像包含青色、洋红、黄色和黑色通道

图14.2

由于RGB和CMYK颜色模式使用不同的方法显示颜色，因此它们重现的色域（颜色范围）不同。例如，由于RGB使用光来生成颜色，因此其色域中包括霓虹色，如霓虹灯的颜色。相反，印刷油墨擅长重现RGB色域外的某些颜色，如淡而柔和的色彩以及纯黑色。图14.3说明了颜色模式RGB和CMYK以及它们的色域。

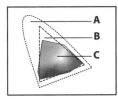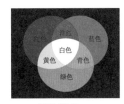

A. 自然色域
B. RGB 色域
C. CMYK 色域

RGB 颜色模式　　　　CMYK 颜色模式

图14.3

然而，并非所有的RGB和CMYK色域都是一样的。显示器和打印机的型号不同，它们显示的色域也稍有不同。例如，一种品牌的显示器可能比另一种品牌的显示器生成稍亮的蓝色。设备能够重现的色域决定了其色彩空间。

RGB模式

大部分可见光谱都可以通过混合不同比例和强度的红色、绿色、蓝色光（RGB）来表示。使用这三种颜色的光可混合出青色、洋红、黄色和白色。

由于混合RGB可生成白色（即所有光线都传播到眼睛中），因此R、G、B被称为加色。加色用于光照、视频和显示器。例如，读者的显示器通过红色、绿色和蓝色荧光体发射光线来生成颜色。

CMYK模式

CMYK模式基于打印在纸张上的油墨对光线的吸收量。白色光照射在半透明的油墨上时，部分光谱被吸收，部分光谱被反射到人眼中。

从理论上说，纯的青色（C）、洋红（M）和黄色（Y）颜料混合在一起将吸收所有颜色的光，结果为黑色。因此，这些颜色被称为减色。由于所有印刷油墨都有杂质，因此这三种油墨混合在一起实际上得到的是土棕色，必须再混合黑色（K）油墨才能得到纯黑色。使用K而不是B表示黑色，旨在避免同蓝色混淆。将这几种颜色的油墨混在一起来生成颜色被称为四色印刷。

Photoshop 中的色彩管理系统使用遵循 ICC 的颜色配置文件将颜色从一种色彩空间转换到另一种色彩空间。色彩配置文件描述了设备的色彩空间，如打印机的 CMYK 色彩空间。读者将选择要使用的配置文件以对图像进行精确地校样和打印。指定配置文件后，Photoshop 可以将它们嵌入到图像文件中，以便 Photoshop（和其他应用程序）能够精确地管理图像的颜色。

有关嵌入颜色配置文件的更详细信息，请参阅 Photoshop 帮助。

在进行色彩管理之前，读者应该先校准显示器。如果显示器不能精确地显示颜色，你根据在显示器上看到的图像所做的颜色调整可能不精确。有关校准显示器的详细信息，请参阅 Photoshop 帮助。

14.2　概　述

首先启动 Adobe Photoshop 并恢复默认首选项。

1. 启动 Photoshop 并立刻按下 Ctrl + Alt + Shift（Windows）或 Command + Option + Shift 快捷键（Mac OS）以恢复默认首选项（参见"前言"中的"恢复默认首选项"）。
2. 系统提示时单击"是"确认要删除 Adobe Photoshop 设置文件。

14.3　指定色彩管理设置

在本节中，读者将学习如何在 Photoshop 中设置色彩管理工作流程。"颜色设置"对话框提供了用户所需的大部分色彩管理控件。

默认情况下，Photoshop 将 RGB 设置为数字工作流程的一部分。然而，如果要处理用于印刷的图像，可能需要修改设置，使其适合处理在纸上印刷而不是在显示器上显示的图像。

下面创建自定的颜色设置。

1. 选择"编辑">"颜色设置"打开"颜色设置"对话框。

在对话框的底部描述了鼠标当前指向的色彩管理选项。

2. 将鼠标指向对话框的不同部分，包括区域的名称（如"工作空间"）、下拉列表名称及选项。当你移动鼠标时，Photoshop 将显示相关的信息。完成后，返回到默认选项。

下面选择一组设计用于印刷（而不是在线）工作流程的选项。

3. 单击"更多选项"按钮，再从下拉列表"设置"中选择"北美印前 2"，工作空间和色彩管理方案选项的设置将相应变化，它们适用于印前工作流程。然后单击"确定"按钮，如图 14.4 所示。

图14.4

14.4 校样图像

读者将选择一种校样配置文件，以便在屏幕上看到图像打印后的效果。这让你能够在屏幕上校样（软校样）用于打印输出的图像。

1. 选择菜单"文件">"打开"，切换到文件夹 Lessons\Lesson14，再双击文件 14Start.tif。如果出现有关嵌入的配置文件不匹配的对话框，单击"确定"按钮，将打开扫描得到的海报的 RGB 图像，如图 14.5 所示。

2. 选择菜单"文件">"存储为"，将文件重命名为 14Working，保留选择 TIFF 格式，并单击"保存"按钮。在"TIFF 选项"对话框中单击"确定"按钮。

图14.5

进行软校样或打印该图像之前，需要设置一个校样配置文件。校样配置文件（也被称为校样设置）指定了将如何打印文件，并相应地调整在屏幕上显示的图像。Photoshop 提供各种设置，以帮助用于校样不同用途的图像，其中包括打印和在 Web 上显示。在本课中，读者将创建一种自定校样设置，然后可将其保存以便将其用于以同样方式输出的其他图像。

3. 选择"视图">"校样设置">"自定"打开"自定校样条件"对话框，确保选中了复选框"预览"。

4. 在下拉列表"要模拟的设备"中，选择一个代表最终输出设备的配置文件，如要用来打印图像的打印机的配置文件。如果不是专用打印机，配置文件"工作中的 CMYK-U.S. Web Coated（SWOP）v2"通常是不错的选择。

5. 确保没有选中复选框"保留编号"。

复选框"保留编号"模拟颜色将如何显示,而无需转换为输出设备的色彩空间。

注意:选择了配置文件"工作中的 CMYK-U.S. Web Coated(SWOP)v2"时,复选框"保留编号"不可用。

6. 从下拉列表"渲染方法"中选择"相对比色"。

渲染方法决定了颜色如何从一种色彩空间转换到另一种色彩空间。"相对比色"保留了颜色关系而又不牺牲颜色准确性,是北美和欧洲印刷使用的标准渲染方法。

7. 选中复选框"模拟黑色油墨"(如果它可用),然后取消选择它,并选中复选框"模拟纸张颜色",注意到这将自动选中复选框"模拟黑色油墨"。单击"确定"按钮,如图14.6所示。

图14.6

注意到图像的对比度好像降低了,如图 14.7 所示。"模拟纸张颜色"根据校样配置文件模式实际纸张的白色;"模拟黑色油墨"模拟实际打印到大多数打印机的暗灰色,而不是纯黑色。并非所有配置文件都支持这些选项。

正常图像

选中了复选框"模拟纸张颜色"和"模拟黑色油墨"时的图像

图14.7

提示:要启用/禁用校样设置,可选择菜单"视图">"校样颜色"。

14.5 找出溢色

大多数扫描照片包含的 RGB 颜色都在 CMYK 色域内,将图像改为 CMYK 模式时,基本上不用替代就可以转换所有的颜色。然而,以数字方式创建或修改的图像(如霓虹色徽标和灯光),常常包含位于 CMYK 色域外的 RGB 颜色。

将图像从 RGB 模式转换为 CMYK 模式之前,可以在 RGB 模式下预览 CMYK 颜色值。

1. 选择"视图">"色域警告"以查看溢色。Adobe Photoshop 创建一个颜色转换表,并在图像窗口中将溢色显示为中性灰色,如图 14.8 所示。

由于在图像中灰色不太显眼,下面将其转换为更显眼的色域警告颜色。

2. 选择"编辑">"首选项">"透明度与色域"（Windows）或"Photoshop">"首选项">"透明度与色域"（Mac OS）。

3. 单击对话框底部"色域警告"部分的颜色样本，并选择一种鲜艳的颜色，如紫色或亮绿色，再单击"确定"按钮。

4. 单击"确定"按钮关闭"首选项"对话框。

5. 使用移动工具在图像中单击，你选择的新颜色将代替灰色用作色域警告颜色，如图 14.9 所示。

图14.8

图14.9

6. 选择"视图">"色域警告"关闭溢色预览。

本课后面将文件存储为 Photoshop EPS 格式时，Photoshop 将自动校正这些溢色。存储为 Photoshop EPS 格式时，将把 RGB 图像转换为 CMYK，并在必要时对 RGB 颜色进行调整使其位于 CMYK 色域内。

14.6 调整图像并打印校样

为打印输出准备图像的下一步是做必要的颜色和色调调整。在本节中，读者将调整色调和颜色，以校正扫描得到的海报中颜色不佳的问题。

为能够比较校正前后的图像，首先创建一个拷贝。

1. 选择菜单"图像">"复制"，再单击"确定"按钮复制图像。

2. 选择菜单"窗口">"排列">"双联垂直"，以便能够在处理图像时进行比较。

接下来将调整图像的色相和饱和度，让所有颜色都位于色域内。

3. 选择文件 14Working.tif（原始图像）。

4. 选择菜单"选择">"色彩范围"。

5. 在"色彩范围"对话框中，从"选择"下拉列表中选择"溢色"，再单击"确定"按钮，如图 14.10 所示。

这将选择前面标记为溢色的区域，让你所做的修改只影响这些区域。

6. 单击调整面板中的"色相／饱和度"按钮（如果调整面板没有打开，请选择菜单"窗口"＞"调整"），创建一个色相／饱和度调整图层。该色相／饱和度调整图层包含一个根据前面的选区创建的蒙版。

7. 在属性面板中，做如下设置（如图 14.11 所示）。

* 拖曳"色相"滑块直到颜色看起来更自然（这里使用 -5）。

* 拖曳"饱和度"滑块直到颜色饱和度看起来更逼真（这里使用 -40）。

* 保留"明度"为默认值 0。

图14.10

图14.11

8. 选择菜单"视图"＞"色域警告"，图像的大部分溢色都消除了。再次选择菜单"视图"＞"色域警告"以禁用它。

9. 在选择了 14Working.tif 的情况下，选择"文件"＞"打印"。

10. 在"打印"对话框中，做如下设置（如图 14.12 所示）。

* 从下拉列表"打印机"中选择你的打印机。

* 在对话框的"色彩管理"部分，从下拉列表"颜色处理"中选择"打印机管理颜色"。

* 从下拉列表"校样"中选择"印刷校样"。

* 从下拉列表"校样设置"中选择"工作中的 CMYK"。

* 如果有彩色 PostScript 打印机，单击"打印"按钮打印图像，并将其同屏幕版本进行比较；否则，单击"取消"按钮。

图14.12

14.7 将图像保存为 CMYK EPS 文件

下面将图像存储为 CMYK EPS 文件。

1. 确保选择了 14Working.tif，再选择菜单
"文件" > "存储为"。

2. 在"存储为"对话框中做如下设置并单
击"保存"按钮，如图 14.13 所示。

- 从下拉列表"格式"中选择
"Photoshop EPS"。

图14.13

- 在"颜色"部分，选中复选框"使用校样设置"。不用担心出现的必须存储为拷贝的警告。

- 接受文件名 14Working.eps。

Ps | **注意**：用 Photoshop Encapsulated PostScrit（EPS）格式存储时，这些设置将导致
图像自动从 RGB 模式转换为 CMYK 模式。

---

3. 在出现的"EPS 选项"对话框中单击"确定"按钮。

4. 保存文件，然后关闭文件 14Working.tif 和 14Working 副本 .tif。

5. 选择"文件" > "打开"，打开文件夹 Lessons\Lesson14
中的文件 14Working.eps。

从图像窗口的标题栏可知，14Working.eps 是一个 CMYK

文件，如图 14.14 所示。

图14.14

14.8 打 印

打印图像时，遵循下述指导原则可获得最佳结果。

- 打印颜色复合（color composite）以便对图像进行校样。颜色复合组合了 RGB 图像的红、
绿、蓝通道（或 CMYK 图像的青色、洋红、黄色和黑色通道），这指出了最终打印图像的
外观。

- 设置半调网屏参数。

- 分色打印以验证图像是否被正确分色。

- 打印到胶片或印版。

打印分色时，Photoshop 为每种油墨打印一个印版。对于 CMYK 图像，将打印四个印版，每
种印刷色一个。

在本节中，读者将打印分色。

1. 确保打开了图像 14Working.eps，并选择菜单"文件" > "打印"。

默认情况下，Photoshop 将打印所有文档的复合图像。要将该文件以分色方式打印，需要在"打
印"对话框中明确指示 Photoshop 这样做。

2. 在"打印"对话框，执行如下操作（如图 14.15 所示）。

· 在"色彩管理"部分，从下拉列表"颜色处理"中选择"分色"。

· 单击"打印"按钮。

图14.15

3. 选择菜单"文件" > "关闭"，但不保存所做的修改。

本课简要地介绍了如何在 Adobe Photoshop 中生成和打印一致的颜色。如果使用桌面打印机打印，你可尝试不同的设置，以找出你的系统的最佳颜色和打印设置；如果图像将由打印服务提供商打印，请向它们咨询应使用的设置。有关色彩管理、打印选项和分色的更详细信息，请参阅 Photoshop 帮助。

复习

复习题

1. 要准确地重现颜色应采取哪些步骤？
2. 什么是色域？
3. 什么是颜色配置文件？
4. 什么是分色？

复习题答案

1. 要准确地重现颜色，应首先校准显示器，然后使用"颜色设置"对话框来指定要使用的色彩空间。例如，可指定在线图像使用哪种 RGB 色彩空间，打印图像使用哪种 CMYK 色彩空间。然后可以校样图像，检查是否有溢色，在必要时调整颜色，并为打印图像创建分色。

2. 色域是颜色模式或设备能够重现的颜色范围。例如，颜色模式 RGB 和 CMYK 的色域不同，任何两台 RGB 扫描仪的色域也不同。

3. 颜色配置文件描述了设备的色彩空间，如打印机的 CMYK 色彩空间。诸如 Photoshop 等应用程序能够解释图像中的颜色配置文件，从而在跨应用程序、平台和设备时保持颜色一致。

4. 分色是文档中使用的每种油墨对应的印版，通常需要为青色、洋红色、黄色和黑色油墨打印分色。